非IT人材のための

ITパスポート
パスポート
攻略ノート

合格
できる!

讃良屋安明

秀和システム

はじめに

ITが私たちの日常や仕事に深く関わるようになった現代、「ITパスポート試験」はITの基礎知識を学び、理解するための第一歩として、多くの非IT企業の会社員や学生の方々に受験されています。しかし、その学習過程では、テクノロジ分野に専門用語の多さや難解な計算問題、さらには論理的思考が求められるアルゴリズムなど、つまずきやすいポイントが多く存在します。

本書は、**学習上のハードルとなるITテクノロジ分野を取り扱い**、苦手を克服し必要なポイントを的確に押さえられるテキストです。**文系の方でも、ITに関する前提知識がなくても、少しずつ理解を深められる構成**にしました。さらに、試験日までの効果的な学習スケジュールもご紹介しているので、計画的に学習を進めたい方にも役立つ内容です。

これまでITに馴染みのなかった方でも、専門用語に頼らず、理屈で理解できるような解説を心がけています。また、試験で特に苦手意識を持たれやすい分野、例えばネットワークやアルゴリズムにおいても、感覚的に理解しやすい学び方を提供します。

これから本書を手に取り、学習を始める皆さまにとって、ITの基礎知識を身につける時間が有意義で楽しいものとなることを願っています。ITの世界は難しいだけでありません。少しずつ分かる喜びを感じ、自身の成長を確認してください。

本書がその第一歩をサポートすることを心から願っています。

それでは、一緒に学びの旅を始めましょう！

讃良屋　安明

非IT人材のための ITパスポート攻略ノート

INDEX

本書の使い方

　次の３ステップで勉強を進めることで、効率的に知識が身につきます！

STEP

1 各話冒頭で勉強の仕方とポイントをつかむ！

　本書は10つの学習範囲（話）で構成されており、各話の冒頭にはストーリー漫画と学習のポイントを掲載しています。漫画でざっくりと学習範囲の要点をつかむとともに、学習のポイントでどんなことを学べばいいかを理解し、効率的に勉強を進めていきましょう！

STEP

2 各項目で学習テーマの内容をしっかりと理解！

　各項目は、登場人物による解説と特に押さえておきたいポイントをまとめた「攻略ノート」で構成されています。わかりづらい部分は文章だけではなく図でも解説しているので、ビジュアルでイメージをつかみながら理解していきましょう！

STEP 3　各項目に対応した演習問題でばっちり復習！

　本書では、各項目の復習に役立つ演習問題をウェブサービスとして提供しています。下記のURLの「補足情報」から演習問題のページにアクセスできますので、自分が学んでいる節の演習問題を解いてみてください。

●さらにもう一歩勉強したい人は…

　本書で学んだ内容をより深く学んでみたい人向けに、①応用問題の解説、②テクノロジ系以外の分野も含めた需要用語集をダウンロードサービスとして提供しています。下記のURLの「ダウンロード」からデータをダウンロードできますので、チェックしてみてください。

> ▼本書のダウンロードサービスのリンク
>
>  https://www.shuwasystem.co.jp/support/7980html/7343.html
>
> ◀QRコードはこちら

※本書は赤シートに対応しています。解説等を隠して、理解度の確認にご利用ください（本書に赤シートは付属していません）。

● 漫画の登場人物

田中 大樹（28歳）
中堅企業の営業マン。ITは苦手。上司からITパスポート試験の受験を勧められて最初は戸惑うが、新たなスキルを身に付けるチャンスと捉え、合格へ向けて奮闘する。

佐藤 七海（24歳）
田中大樹と同じ会社のシステム部に所属するITエンジニア。ITパスポート試験の勉強をサポートする。

鈴木健太（28歳）
田中大樹の同期でライバル。ITパスポート試験に合格しており、社内で一目置かれる存在。ITに詳しい自信家。

● 漫画のあらすじ

　ITとは無縁の生活を送っていた田中大樹は、突然会社からITパスポート試験の受験を勧められる。途方に暮れる大樹だが、システム部の佐藤七海のサポートを受けながら、ITの基礎知識を学び始める。

　ライバルの鈴木健太の存在に焦りを感じながらも、大樹は七海との交流を通じてITの世界に興味を持ち、試験合格に向けて努力を重ねていく。

第1話

ITパスポート試験って
なんだ？

第1話で学ぶのはこんなこと！

　ITパスポートを目指すみなさんにとって、独立行政法人情報処理推進機構 (IPA) の実施する試験がどのような試験なのか、しっかり理解し、対策を立てることが合格への近道です。

　そこで、第1話では、次の3つのポイントを押さえておきましょう。

POINT 1　受験者が多く需要の高い試験

　ITパスポートは受験者数が増えている試験です。社会の需要の高い試験であることを理解しましょう！

POINT 2　合格基準を確認し、試験の全体像を把握

　出題の3分野や配点方法・合格基準を確認し、合格ラインをイメージしましょう。

POINT 3　試験の方法はCBT方式

　CBT方式の試験の概要を知り、試験の流れや方法を理解しておきましょう。

IT パスポート試験とは？

 そもそも IT パスポート試験ってどんな試験なの？

 IT パスポート試験は、「**すべての社会人や、これから社会人となる学生が備えておくべき、IT に関する基礎的な知識が証明できる国家試験**」とされているわ。試験の内容には、AI やビッグデータなどの最新技術に加え、IT セキュリティやネットワーク、経営戦略やマーケティングといった幅広い分野が含まれているの。このノートに概要をまとめたから読んでみて！

 へぇ。今まさに社会が求める人気のある国家試験なんだな！　やる気出てきたぞ！

攻略ノート

●IT パスポート試験って？

　IT パスポート試験は、2009 年の開始以来、多くの人が受験しており、企業の人材育成や採用活動でも活用されています。

　また、教育機関からも高く評価されています。試験名の「パスポート」は、IT 社会で求められる基礎的な能力を証明するもの、という意味を表しています。

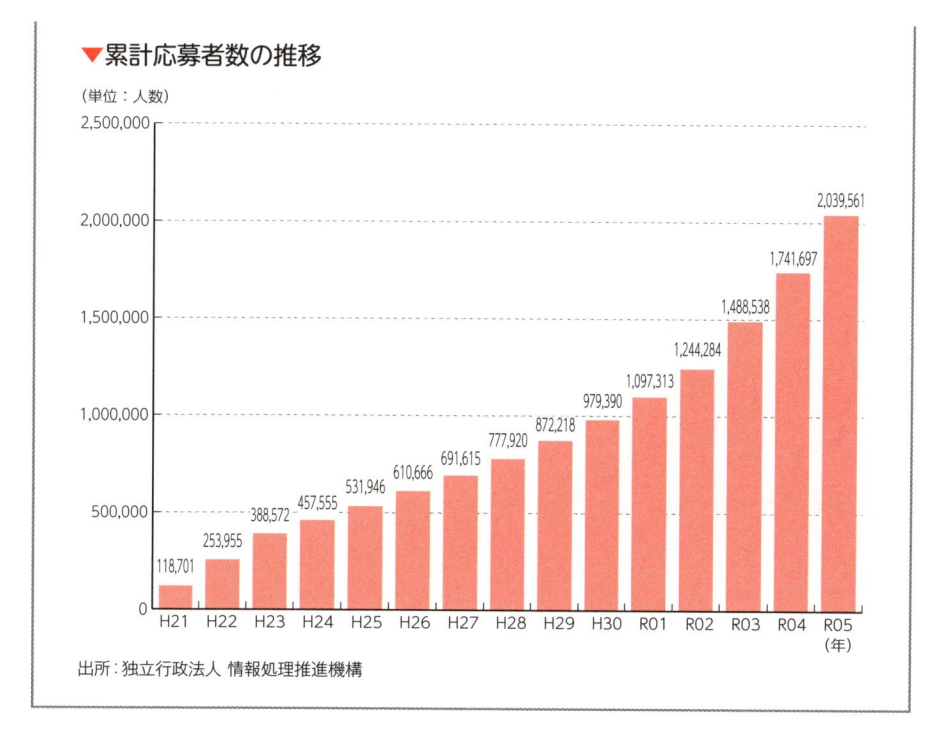

▼累計応募者数の推移

出所：独立行政法人 情報処理推進機構

まとめ

- ITに関する基礎的な知識が証明できる試験
- 受験者は増え続けており、企業等からの評価も高い

ITパスポートの合格基準

 合格するためには、どれくらいの得点が必要なのかな？

 試験時間は120分で、100問の問題が出題されるの。出題分野は大きく3分野に分かれているわ。このノートを見て。

攻略ノート

　ストラテジは戦略、マネジメントは管理、テクノロジは技術のこと。それぞれの分野の出題範囲は次のとおりです。

▼ITパスポートの3分野

分野	内容
ストラテジ系	財務、法務、経営戦略など経営全般に関する基本的な考え方、特徴など
マネジメント系	システム開発、プロジェクトマネジメントなどIT管理に関する基本的な考え方、特徴など
テクノロジ系	ネットワーク、セキュリティ、データベースなどIT技術に関する基本的な考え方、特徴など

●ITパスポートの配点

　それぞれの分野ごとに1000点の配点がされており、各分野300点以上の得点が必要となります。

　これまでの傾向から、ストラテジ系35問、マネジメント系20問、テクノロジ系45問が出題されています。合格するためには単純に計算すると、ストラテジ系11問、マネジメント系9問、テクノロジ系14問以上の正解が必須となります（配点により必要な正解数は前後します）。

　さらに、100問全体でも1000点が配点されており、600点以上の得点が必要です。

　それぞれの分野で必要な最低正解数の34問に加えて、全体で約60問以上の正解が必要となります。

 つまり、「得意分野だけ頑張る」「苦手分野は諦める」ができない試験となっているの。

 この「テクノロジ系」って専門的な話が多そうで自信ないなぁ。

 大丈夫！　受験者層を見てみると、令和5年度はIT系業務が約2.7万人に対して、非IT系業務は約18.1万人。つまり、非IT系の受験者が圧倒的に多いのよ。非IT系業務の人でも、必要なITの基礎知識を持っていることを証明できる国家資格だといえるわね。

 おっ！　それなら俺もやる気が出てきたぞ！　頑張れば手の届く試験なんだな！

まとめ

- 合格条件は3分野各30％以上、全体で60％以上の正解率
- 受験者は非IT系業務の人の方が圧倒的に多い

CBTの試験ってなんだ？

 試験の方式はCBTとあるけど、どんなものなんだろう？

 CBT方式はコンピュータを使った試験方式のことよ。試験日を自分で選んで受験できるの。申込の流れはこのとおり。

攻略ノート

●試験の申込方法

　まず、ITパスポート試験のサイト (https://www3.jitec.ipa.go.jp/JitesCbt/index.html) より利用者IDを登録し、ログインします。受験関連メニュー「受験申込」から試験会場と日付を指定することによっていつでも予約できます。

●受験方法

　受験日に会場に行くと、一人1台のパソコンが用意されており、画面には問題と4択が表示されています。マウスでクリックして回答します。一度入力した回答は修正可能で、後で見直したい問題をチェックしたり試験後に点数確認をしたりする機能もあります。また、試験ではA4の用紙1枚とペンも用意されており、計算問題などは紙で計算できます。時計は画面上に表示されているため、時間配分を考慮しながら試験を進められます。試験終了後には結果がすぐに表示されます。なお、試験に関する注意点については、最終章にも詳しく記載しておりますので、そちらもご確認ください。

まとめ

- ・パソコンで申し込み、試験日を自分で選べる
- ・試験はパソコン上で選択肢を選んで回答

第2話

ITパスポート勉強スケジュール

第2話で学ぶのはこんなこと！

　効率的に合格するためには、計画を立てて勉強することが一番の近道。配点の多い分野から始めて、効率的に勉強しましょう。

　どうしても勉強は「後回し」にまいがち。だからこそ、スケジュールを立てたあと、まず最初に行うべきは、勉強のゴール地点になる日程に試験を申し込んでしまうことです。日程変更は何度でもできますし、早い時期に申し込まないと会場が満席で受験できないなんてことも……。

POINT 1　勉強のスケジュールを立てよう

　ゴールは合格！　たどり着くための、細かなステップを計画しましょう！

POINT 2　受験日を決めて先に申し込もう

　受験日はいつでも変更できます。先に申し込んでしまい勢いをつけましょう。

POINT 3　用語集と過去問を活用しよう

　学んだ知識をしっかり身につけるために、用語集や過去問で復習することも効果的です。

 ITパスポート試験ってやっぱり試験範囲が広いなぁ……。

 IT範囲は広いけど、一つひとつの内容はそこまで難易度が高くないから大丈夫。出題頻度が高くて身近な分野から始めると続けやすいわ！

 えっ興味ある分野からでいいの？

 うん、ITパスポート試験の勉強では、最初のやる気をどう維持するかがポイントなのよ。

 なるほど、勉強を継続することが一番の難題なんだね。

 そう！　私が合格したときの勉強のスケジュールと、勉強した時間を教えてあげるから、田中くんもこの順番でやってみて！　あとは自分のスケジュールに落とし込んで、どんどん日程を決めてしまいましょう！

※次のページのスケジュール帳をご参照ください。

まとめ

- 出題頻度が高くて身近な分野から始める
- スケジュール表を使って、勉強の日程を先に決める

▼IT パスポート試験合格への道

・下の表に自分のスケジュールを書き込んでみましょう。

・この順番のとおりに勉強を進めてみましょう。

目次	ページ数	開始日		終了日		標準勉強時間
3-1 サイバー攻撃の種類①	4	月	日	月	日	0.5
3-2 サイバー攻撃の種類②	3	月	日	月	日	1
3-3 サイバー攻撃の種類③	3	月	日	月	日	0.5
3-4 サイバー攻撃の種類④	3	月	日	月	日	1
3-5 猛威を振るうランサムウェア①	4	月	日	月	日	1
3-6 猛威を振るうランサムウェア②	3	月	日	月	日	1
3-7 リスクを管理する	6	月	日	月	日	2
3-8 暗号化	8	月	日	月	日	2
3-9 認証技術	3	月	日	月	日	1
3-10 情報セキュリティの3要素+4要素	3	月	日	月	日	1
3-11 ISMS、セキュリティポリシー	7	月	日	月	日	1
第3話合計						12
4-1 通信共通のルール「プロトコル」	5	月	日	月	日	1.5
4-2 インターネットの仕組み	6	月	日	月	日	1.5
4-3 ネットワーク機器と技術	5	月	日	月	日	1.5
4-4 アプリケーションプロトコル	3	月	日	月	日	1
4-5 電子メール	4	月	日	月	日	1
4-6 IoT (モノのインターネット)	6	月	日	月	日	1
第4話合計						7.5
5-1 コンピュータで扱う情報	8	月	日	月	日	1.5
5-2 コンピュータで扱う単位	4	月	日	月	日	2
5-3 論理演算	3	月	日	月	日	2
5-4 応用数学	5	月	日	月	日	2
5-5 人工知能 (AI)	9	月	日	月	日	2
第5話合計						9.5

6-1	コンピュータは5つの部品でできている！	2	月	日	月	日	1
6-2	中央処理装置 (CPU)	4	月	日	月	日	1
6-3	主記憶装置 (メインメモリ)	4	月	日	月	日	1
6-4	補助記憶処理装置	4	月	日	月	日	1
6-5	入力装置	3	月	日	月	日	1
6-6	出力装置	4	月	日	月	日	1
6-7	コンピュータの種類と特徴	2	月	日	月	日	1
6-8	OS (オーエス) とアプリ	6	月	日	月	日	1.5
6-9	システムの構成	9	月	日	月	日	1
6-10	システムの評価	13	月	日	月	日	2
第6話合計							11.5
7-1	データベースって何？	8	月	日	月	日	2
7-2	リレーショナルデータベース	5	月	日	月	日	1.5
7-3	データベースを操作しよう	5	月	日	月	日	2
7-4	トランザクション処理	2	月	日	月	日	1
7-5	障害回復	5	月	日	月	日	1.5
第7話合計							8
8-1	アルゴリズムって何？	8	月	日	月	日	1.5
8-2	プログラミング・事始め	10	月	日	月	日	2
8-3	プログラミング・繰返し処理	6	月	日	月	日	1.5
8-4	アルゴリズムあれこれ	11	月	日	月	日	2
第8話合計							7
9-1	情報デザインとは？	4	月	日	月	日	1
9-2	情報デザインとユーザー体験	8	月	日	月	日	1.5
第9話合計							2.5
合計							58.0

2-2 スケジュールのゴールの日に試験を申し込んでしまおう！

 スケジュールはバッチリできたね！ これで、この日までに全部終わる見通しが立ったってことね。じゃあ、もう試験に申し込んじゃおう！

 えっ！ まだ、何も勉強していないのに？！

 そう！ これが合格できるスケジュールなのよ。だから、先に申し込んでから勉強を始めるの！

 で、でも……。

 大丈夫！ 万が一、計画通りにいかなくても、試験日の3日前までは日付の変更ができるから安心して。試験日も申込み前後のどちらにも変更できるし、初回申込日から1年以内なら何度でも変更可能なの！ 土日などは満席になって受験できないこともあるから、まずは申し込んじゃおう！

 わかった。申し込んで勢いをつけよう！

 試験の申込の流れは、「ITパスポート試験サイト」をチェックしてみてね。

▼ITパスポート試験サイト
https://www3.jitec.ipa.go.jp/JitesCbt/html/
examination/user_order.html

◀QRコードはこちら

まとめ

・受験日を決めたらすぐに試験に申し込もう！
・受験日は初回申込日から1年以内なら変更可能

用語暗記は用語集で！

 おっ、試験の申し込み完了したのね！　あとはスケジュール通りにコツコツ進めていくだけね。応援してるよ！

 よし、空き時間を見つけてどんどん勉強するぞ！

 それはいいわね！　ITパスポート試験って、用語を知ってるだけで解ける問題が結構多いの。だから、空き時間とか、朝起きた直後の15分とかに、用語集でサクッと用語を覚えると効率いいわ！

 逆に、寝る前は疲れて覚えにくいから、やめといたほうがいいか……。

 そうね。ちゃんと寝て、勉強も仕事も頑張って……充実した毎日になるね！

 大変そうだなぁ……。

 大丈夫。過去問とそっくりな問題もかなり多く出題されるから、対策も立てやすいの。過去5年分くらいを繰り返してやるのがいいわね。
ITパスポート試験の受験情報サイト「ITパスポート　試験情報＆徹底解説　ITパスポート試験ドットコム」で提供されている「過去問道場」を利用して、過去問もたくさんチャレンジしてね。

▼過去問道場

https://www.itpassportsiken.com/ipkakomon.php
◀QRコードはこちら

まとめ

・用語は用語集でサクッと覚える
・過去問は5年分を繰り返し解く

第 **3** 話

セキュリティ対策で
情報を守れ！

●カフェにて…

第3話で学ぶのはこんなこと！

　情報セキュリティは出題数も多く最重要な試験範囲。ここでは、ハッカーはどのような攻撃を仕掛けてくるのか？　対処法は？　リスクを管理するとは？　どこまでを守るのか？　などを取り上げます。試験勉強だけでなく、自分の身の回りのリスクに対抗するためにも知っておきたい知識です。

POINT 1　サイバー攻撃の種類を知り、対策を覚える

　攻撃を知り対策を立てる──セキュリティの基本です。試験勉強に加えて、ご自身のスマホなどのセキュリティも確認してみましょう。

POINT 2　リスクへの対処方法やルール作りを覚える

　「リスクを分析し、どこまで守るか？」などのルール作りに触れていきます。

POINT 3　セキュリティ関連技術（暗号化や認証）を知る

　セキュリティを支えている暗号化技術や認証技術。難しそうに思えますが、一つひとつは単純です。

 まずは代表的な**サイバー攻撃**と、対策から勉強しましょう！

 最近、サイバー攻撃で大手企業のサイトから何万件も顧客情報が情報漏洩したっていうニュースを見たよ。これもセキュリティの話だよね。

 そうね！　サイバー攻撃も、セキュリティを学ぶ上で欠かせないトピックのひとつだわ。最近だと、特に**ランサムウェア攻撃**の話が多いかな。被害も増えてるし、やっぱり注意しなきゃって感じね。試験で最も多く出題される分野でもあるのよ。

 えっ！　**ランサムウェア**って何？　サイバー攻撃っていろいろあるの？

 うん、一口にサイバー攻撃って言っても、色々な種類があるのよ。まず基本的なところを整理すると、こんな感じかしら。

攻略ノート

●サイバー攻撃とは

　コンピューターシステムへの不正なアクセスによって、情報の搾取・流出・改ざん・無効化・破棄などを企てる、好ましくない攻撃のこと。

サイバー攻撃の主な種類

・**フィッシング詐欺**

　本物そっくりな詐欺サイトに誘い込み、個人情報を盗む。

・**標的型攻撃**

　特定の個人を標的とした詐欺メール。

- **・サプライチェーン攻撃**

  関連会社に侵入し、そこから自社を攻撃してくる。

- **・パスワードリスト攻撃**

  よく使うパスワードのリストを使われ、システムにログオンされる。

- **・ブルートフォース攻撃**

  パスワードの候補となりうる文字列すべてを総当たりされログオンされる。

- **・DoS攻撃**

  サイトに多量アクセスをして、ダウンさせられる。

- **・ランサムウェア攻撃**

  ファイルを暗号化し、元に戻すことと引き換えに身代金を要求する。最近は特に多い攻撃。

 こんなにあるんだ。それぞれの違いと防御方法（対策）を覚えておけばいいってことだね！

 そうよ！　まずは、私たちのような消費者が巻き込まれやすい、身近な攻撃から見ていきましょう。試験にも良く出題されるわ！

攻略ノート

●フィッシング詐欺

本物そっくりなニセサイトに誘導し、クレジットカード情報や個人情報を盗もうとする。主に電子メールやSMS[*]に送り付けられてくるURLから誘い込む。

対策：電子メールやSMSに記載されているリンクは不用意にクリックしない。

[*] **SMS**：ショートメッセージサービス。電話番号を使ってメッセージをやり取りするサービス。

●標的型攻撃

　取引先や知人などの名前を使って、受取人が実際に行っている仕事や案件に関するメールを出し、本物だと偽装する攻撃。ウイルスを仕込んだ添付ファイルを開かせ、ウイルス感染させたり、**フィッシングサイト**へのリンクをクリックさせたりする。

○○より

知人などに偽装

対策：メールを鵜呑みにしない。送信元メールアドレスを確認したり、**送信ドメイン認証***を使って送信元の認証を確認したりする。

 **フィッシング詐欺**は、意識して気を付けるしか防ぎようがないわ。一部のセキュリティソフトは、**フィッシング詐欺サイト**を表示しようとすると警告してくれるの。

 あ、よくメールとかで「アカウントがロックされました」とか言ってログインさせようとするやつだよね？

 そうそう！　よく知ってるね。フィッシング詐欺は、正規の企業やサービスを装って個人情報をだまし取ろうとするのよ。

 最近は、電話番号の**SMS**（＝ショートメール）でも、身に覚えのない宅配便業者に**なりすまし**た不在通知が届くこともあるよね。そこに書いてあるURLはクリックしないようにしよう……。

 次に、**標的型攻撃（APT）**を防御するには、送信してきた人の名前の表示は正しいのにメールアドレスが違うなど、些細なところまで気を付ける必要があるの。ビジネスメールが狙われやすいから、**ビジネスメール詐欺（BEC：ビジネスeメールコンプロミス）**とも呼ばれるわ。

***送信ドメイン認証**：メールのなりすましを防止するための認証。メール送信者のドメイン送信メールの「@」の後ろの部分が正しいかを認証する。

 メールの送信者名も内容も本物っぽい、特定の人を対象に送られてくるメールとかだよね？

 そうそう！　よくわかってるじゃない。送信者名に騙されずに、メールアドレスやリンク先URLも必ず確認することが重要よ。ここまでは理解できたかな？
さて、復習として演習問題を解いてみましょう！（演習問題については7ページの案内をご確認ください）

3

セキュリティ対策で情報を守れ！

まとめ

- サイバー攻撃のそれぞれの違いと対策を覚える
- フィッシング詐欺や標準型攻撃はメールを使うことが多い

サイバー攻撃の種類②

 サイバー攻撃って種類によって手口や対策が違うんだね。

 そうよ。さっきのはわりとシンプルな攻撃だけど、もっと複雑なものだと、**サプライチェーン攻撃**や**ゼロデイ攻撃**、**ディープフェイク**などがあるわね。それぞれ見ていきましょう。

攻略ノート

●サプライチェーン攻撃

サプライチェーン（商品が製造から消費者に届くまでの一連の流れに携わる関連会社）を対象とした攻撃。自社のシステムに接続している、信頼のおける取引会社のシステムが攻撃者に乗っ取られ、そこから自社のシステムを攻撃される。自社は完璧な対策をしていても、関連会社を経由して攻撃されることも。

対策：取引企業との綿密なセキュリティ連携や、他社との接続からハッカーが侵入してくることを想定したセキュリティ設計。

取引先を通じて攻撃

自社　　　　　　　　　　　　取引先

 例えば取引先の会社が狙われて、そこからさらに大手企業に攻撃を仕掛ける手法のことよ。こういう攻撃は、私たち個人ではなかなか防ぎづらいのが現状なの。

 関連する会社から入り込む手法？！　グループ会社を信用していたら、そこから攻撃されたというニュース聞いたことあるなぁ。

 まさにそういう攻撃のことよ。ざっくり言うと「信用している先から攻撃されちゃう」ってイメージね。
次に**ゼロデイ攻撃**ね。これは、システムなどの弱点である脆弱性が周知される前にそれに対して攻撃されることをいうの。正直、ここまでされると私たち個人では、対策する時間すらなくて、かなり厄介だわ。

攻略ノート

●ゼロデイ攻撃

　まだ修正が行われていない**脆弱性***を突いた攻撃。脆弱性が周知される前や直後で、修正の期間を与えない攻撃だからゼロデイという。

対策：**サンドボックス**という隔離されたテスト環境でシステムを実行してみる。**ゼロトラスト**（誰も信頼（trust）しないことを前提としたセキュリティ）を導入するなど。修正プログラムや回避策の提供が迅速なソフトウェアを選ぶことも重要。

 簡単に言うと、「**サンドボックス**」は疑わしいプログラムを一旦別の安全な場所に隔離して、動作を確認する仕組みのことなの。こうやって攻撃の動きを事前に把握して、ゼロデイ攻撃を防ごうとするのよ。

***脆弱性**：システムなどの弱点や壊れやすいところのこと。

 次は、**AI**を悪用した攻撃よ。たとえば、本物そっくりな写真や声を作り出して信じ込ませる**ディープフェイク**という詐欺もサイバー攻撃といえるわ。実際に、自分が見ている映像や写真も、100%本物とは言い切れない時代になってきたわね。

 最近の**AI**は本物そっくりな写真を作り出すから、それを悪用するのもサイバー攻撃といえるんだね。流れてくる情報を一旦、立ち止まって確認することが重要だね！

攻略ノート

● **AIを悪用した攻撃**

　生成AIを悪用した偽ニュース、画像・動画などの**ディープフェイク**等による情報操作や、AIのクローン音声による詐欺など。

対策：信憑性のない情報（ホントかウソか確認できない情報）などを鵜呑みにしない。 なにか変だなと感じるなら徹底的に疑う。

 ここまでの復習として演習問題を解いてみましょう！（演習問題については7ページの案内をご確認ください）

まとめ

- サプライチェーン攻撃は取引先を狙った攻撃
- ゼロデイ攻撃は修正方法が提供される前の脆弱性を突いた攻撃

3-3 サイバー攻撃の種類③

 あとは、いつも使っているパスワードに対する攻撃もあるの。

 よくパスワードは使い回さない方がいいっていうよね。

 そうそう。主なものとしては、**パスワードリスト攻撃**や**ブルートフォース攻撃**などがあるわね。

攻略ノート

●パスワードリスト攻撃

　攻撃対象とは異なるウェブサイトから<u>不正に取得した大量のパスワード情報を流用</u>し、標的とするウェブサイトに不正に侵入（ログイン）を試みる攻撃。同じパスワードを使いまわしているだろうという考えを根拠にしている。

対策：同じパスワードを使いまわさない。

 いつも同じパスワードを使いまわさないことか……。すべて違うパスワードにするのが安全なのはわかるけど、覚えておけないなぁ。

 この**パスワードリスト攻撃**への対策にも試験にでるキーワードがあるのよ。**ブラウザ**（ウェブサイトを見るアプリ）にある、**パスワードマネージャ**という機能は覚えておいてね。有名なところでは、<u>GoogleChrome（グーグルクローム）</u>や<u>iPhoneのSafari（サファリ）</u>などにあるわ。

 パスワードを入力してログインしたあとに「このパスワードを保存しますか？」と聞いてくるアレのことか！

 そう！ あのおかげで複雑なパスワードを自動で作ってくれたり、それを安全に保存してくれたりしてるのよ。

 「複雑なパスワード」を自動で作ってくれて、さらに安全に保存してくれる機能なら、使わない手はないな。

 複雑で長いパスワードとしておけば、パスワードを総当たりされる**ブルートフォース攻撃**も対処できそうね。2つめのパスワードへの攻撃よ。

攻略ノート

●ブルートフォース攻撃

　パスワードのパターンすべてを試すことで不正侵入しようとする、総当たり攻撃。

対策：**多要素認証***を設定する、長くて複雑なパスワードにする、ログイン試行回数の制限（**パスワードロックアウト**）*を導入する、そもそもパスワードを用いない認証（パスワードレス認証）にするなど。

ID/パスワード　　　　指紋　　　　スマホSMS認証

2要素以上の認証を組み合わせて対策！

***多要素認証**：ID/パスワードの認証に加えて、指紋・顔などの生態認証（バイオメトリクス）、スマホSMS認証など異なる2要素以上の認証を組み合わせるもの。
***パスワードロックアウト**：パスワードを数回間違えたら一定時間経過しないと、再度パスワードを入力できなくする制御。

安全には安全を！ **二要素認証**もおすすめするわ。ID／パスワードに加えて、指紋やフェイスID、SMSへ番号を送るなどの認証を設定するのが安全ね。自分のパソコンで何度もパスワードを試せないように、数回間違えたら数分間何もできなくする**パスワードロックアウト**の設定をしておくのもいいわ！

それくらいなら、すぐに設定できそうだね。調べてやっておくよ！

ここまで話した対策を押さえておけば、基本的なサイバー攻撃にはしっかり対応できるはずよ。まずはできそうなところからやってみてね！
ここまでの復習として演習問題を解いてみましょう！（演習問題については7ページの案内をご確認ください）

3

セキュリティ対策で情報を守れ！

まとめ

- よく使うパスワードのリストを使われるのは、パスワードリスト攻撃
- パスワードのパターンを総当たりされるのは、ブルートフォース攻撃

 身近にサイバー攻撃って色々あるんだな……。

 そうね。ここまでは私たちにも影響が大きいものを見てきたけど、ほかにもWebのシステムを作る人たちが注意しなければならない攻撃もあるわ。**SQLインジェクション**や**クロスサイトスクリプティング**、**DoS攻撃**などがそうね。

攻略ノート

● SQLインジェクション

　検索キーワードなどの入力欄にデータベースの命令に使うSQL言語と勘違いさせるような変な入力をして、データベースを誤作動させ情報を表示する。

対策：「'」（シングルクォーテーション）などのSQLに使う特殊な文字を無害化（**エスケープ処理**という）するなど。

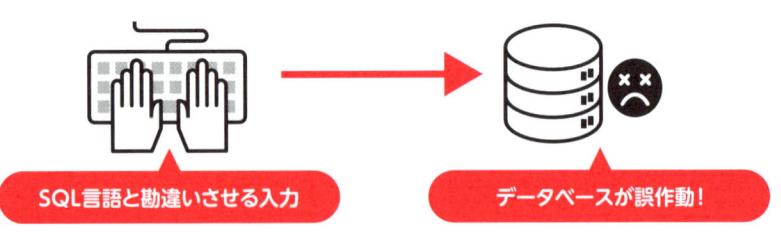

SQL言語と勘違いさせる入力　　　　データベースが誤作動！

● クロスサイトスクリプティング（別名：XSS）

　脆弱性のあるサイトに不正なプログラム（例：\<script>...\</script>）を埋め込みブラウザを誤作動させて、そのサイトを訪れた人の情報を盗んだり、詐欺サイトに誘導したりする攻撃。

対策：サイトの脆弱性を早期に発見しアップデートする。

 名前などを入力する欄に、変な文字を入れてくる攻撃なんてあるのか。

 そうなの。これは「**SQLインジェクション**」って言って、ユーザーが入力する欄を悪用してシステムのデータベースに不正な命令を送り込む攻撃なのよ。システムを誤動作させて、そこから情報を抜き取ったりするの。ちょっと難しい内容だったかな？

 システムを作る人たちは色々大変そうだね……。

 セキュリティを最初から考慮してシステムを設計する**セキュリティバイデザイン**や、プライバシーも最初から設計に入れる**プライバシーバイデザイン**という考え方もあるわ。

 ふむふむ。じゃあ、作る段階からセキュリティを考えないといけないんだね。

 そのとおり！　あと、もう一つ紹介しておきたい攻撃が「**DoS攻撃**」よ。

攻略ノート

●DoS攻撃

　一つのサイトに対して、多量のアクセスや問い合わせを行い、処理を遅くしたりハングアップさせサービス停止状態に追い込む攻撃。

対策：同じパソコン（同じ**IPアドレス***）からの多量のアクセスを遮断したりする、**CDN***や**WAF***が効果的。

***IPアドレス**：パソコンやスマホのネット接続する部品一つひとつに付く番号。ココから情報が発信されましたという証拠になる。**MACアドレス**という情報もある。

***CDN（コンテンツ・デリバリー・ネットワーク）**：アクセスしてくるお客さんの近くに設置されているコンピュータにコンテンツをデリバリーしておいて、そのコンピュータが応答する仕組み。近くのコンピュータが応答するので早く対応できる。これにより、CDNの各コンピュータが攻撃を受け止めてくれるので、本来のWebサーバー（オリジンサーバー）へのアクセスを軽減できる。

***WAF（ウェブ・アプリケーション・ファイアウォール）**：不正な情報のパターンなどを認識し、検知・防御する仕組み（火事から守ってくれる防火壁（ファイアウォール）のイメージ）。

大量のアクセスを一つのサイトに集中させる**妨害行為型**の攻撃よ。最近では、**マルウェア**（悪意のあるプログラム）が使われることがあるわ。このマルウェアは多くのパソコンに感染し、タイマーを仕掛けられるの。決まった日時になると、一斉にプログラムを起動させるのよ。その結果、一つのサイトに大量のアクセスが集中する**DDoS攻撃**が発生するの。

サイトが重くなりアクセスできなくなったっていうニュースは、この攻撃のせいなんだね。

アクセスが集中しないようにする**ロードバランサー**という機器を導入するなど、企業もコストを掛けて対応しようとはしているのよ。この話は、私たちには直接関係ないけど、知っておくとセキュリティの全体像が見えてくるわよね。

さて、ここまでで一通り主なサイバー攻撃を見てきたわ。一度腕試しとして、演習問題を解いてみましょう！（演習問題については7ページの案内をご確認ください）

まとめ

- SQLインジェクションは入力欄を悪用して、データベースのデータを狙う攻撃
- DoS攻撃は大量アクセスによる妨害行為型攻撃

3-5 猛威を振るう ランサムウェア①

 数年間、被害件数No1をキープしてる「**ランサムウェア**」って聞いたことある？

 ニュースとかで名前は聞いたことあるけど、どんなものなの？

 「ランサム」は身代金って意味なの。パソコンの中のファイルを暗号化して、「元に戻したいならお金を払え」って脅してくるのよ。これも試験に出るから見ていきましょう。

攻略ノート

●ランサムウェア

　ランサムウェアとは、悪意を持ったプログラム（**マルウェア**）の一種で、感染したコンピュータやスマートフォンのデータを暗号化してアクセスできなくし、元に戻すために金銭（通常は仮想通貨）を要求するもの。この「**ランサム**」(ransom) は英語で「身代金」という意味で、ユーザーがそのデータを再び使用するために「身代金」を支払うことを迫ることから、ランサムウェアと呼ばれる。

 うわぁ、これは厄介だね。ファイルはそこにあるのに使えないなんて、ホント悔しいね！

 そうなのよ。しかも、一台のパソコンが**ランサムウェア**に感染すると、周りのパソコンにもどんどん手を伸ばして広がっていくの。あっという間に周りすべてを「感染」させようとするのよ……。

攻略ノート

●ランサムウェアの感染の流れ

　ランサムウェアを実行されてしまうと、社内や家庭内でつながっているパソコンに瞬く間に感染し、次々とランサムウェアを実行、次々とパソコン内にあるファイルを手あたり次第に暗号化される。

　パソコンから認証なしで操作できるファイル、例えば**クラウド**[*]の**ストレージサービス**[*]にある、同期済みのファイルも暗号化されてしまう。そして、暗号化を解くキーワードがほしければ、金銭（身代金）を払うよう要求してくる。

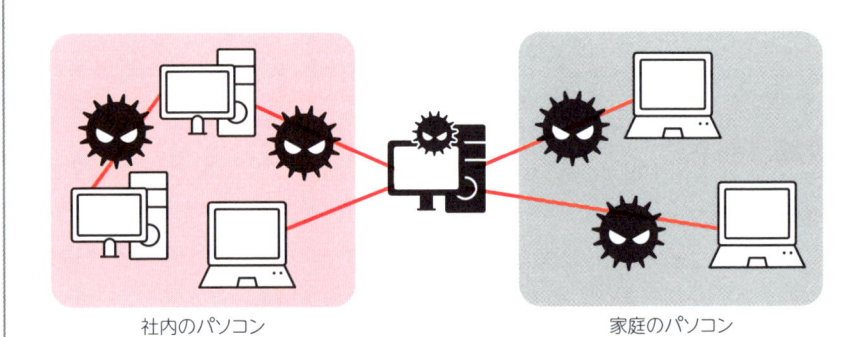

社内のパソコン　　　　　　　　　　　　　　　　家庭のパソコン

つながっているパソコンにも感染！

だからこそ、簡単にパソコンにログインされないようにする、**パスワードロックアウト**や**二要素認証**を設定しておくのが大事なの！　万が一感染しても、元に戻せるように**バックアップ**することも大切ね。**バックアップファイル**も暗号化されるからネットから取外し可能な場所に保管よ！

ランサムウェアが**パスワードリスト攻撃**してくるかもしれないから、社内だからといって、同じパスワードを使いまわさないのがいいね！

＊**クラウドサービス**：インターネットに接続することによって利用できるサービス全般のこと。
＊**ストレージサービス**：インターネット上にファイルを保管してくれるサービス。パソコンの中のファイルをバックアップするなどに便利！

 そのとおり！ しかも、以前は大手企業が狙われていたけど、身代金を支払わないケースが増えてきて、逆にセキュリティが手薄な中小企業がもっとも狙われているわ。

 対岸の火事だと思っていたよ。ファイルを暗号化されて、かつ、身代金を要求されるなんて最悪だな。

 そうなの。身代金を支払わなければ情報を公開するぞと**二重脅迫（ダブルエクストーション）**してくるのよ。ここまでで、だいぶイメージできたかな？

 **ランサムウェア**が社内システムに侵入し拡散……。まさに体に入って増殖するウィルスだな。入ってこないようにするには、どうすればいいのかなぁ？ ネットワークにマスクをするとか？ まさかね……。

 あながち間違ってないかも！ 実は、ネットワークの不要な入り口を塞ぐ**ファイアウォール**っていう機能があって、これがマスクみたいな役割をしてるの。まさに大樹さんの言う「ネットワークにマスク」って感じね。
例えば、この**ファイアウォール**を使って、外部からの怪しいアクセスをシャットアウトすることで、ランサムウェアが入ってくるのを防ぐのよ。でも、これだけじゃ完全じゃないの……。

 え、どういうこと？

 最近だと**サプライチェーン攻撃**によって、取引先や関連会社が感染して、そこから自社に流れ込んでくることもあるの。関連会社との通信するときに使う**VPN**装置っていう、通信を暗号化する機器から入ってくるのよ。

攻略ノート

● VPN（バーチャルプライベートネットワーク）

　誰でも利用できるインターネットにおいて、自分と相手の間に暗号化された通信路を作り、あたかも専用回線であるかのように（バーチャルプライベート）接続する装置。

セキュリティ対策で情報を守れ！ **3**

VPNを管理している**ファームウェア**というソフトを定期的に**アップデート**していないことが侵入される原因なの。**セキュリティホール**というセキュリティの穴が、アップデートしないといつまでも開いているわ。

えっ、パソコンやスマホのアップデートだけじゃなくて、機器もアップデートが必要なの？！　そんなこと気が付かないよ。

普通は気づかないよね。一般家庭にある**WiFiルータ**と呼ばれるWiFi機器も**ファームウェアのアップデート**が必要なのよ。最近では**自動アップデート**する機種も増えたけど、古い機種では手動で行うことが多いわ。

自分の家のは大丈夫かなぁ……。帰ったら確認しよう。

あと、**迷惑メール（スパム）**から入り込まれたり、**トロイの木馬**と呼ばれるダウンロードしたアプリに隠れて入り込まれたりすることもあるわ。
トロイの木馬の典型的なマルウェアは**RAT（ラット＝ねずみ）**と言って、ユーザーが気づかないうちに入り込み活動して、いつの間にか**バックドア**（犯罪者がいつでもコンピュータに入り込める裏口）を開けて、コンピュータをリモート操作されてしまうこともあるのよ。

それは怖いな……。

**ファイル交換ソフトウェア**を利用していると、もらったファイルに**マルウェア**がくっついてくることもあるの。お仕事で使う表計算ファイルにも、**マクロウィルス**（Microsoft Officeのようなアプリのマクロ機能を利用して生成されるウィルス）が入り込んでいる場合があるから油断ならないわよ。
さて、ここまでの復習として演習問題を解いてみましょう！（演習問題については7ページの案内をご確認ください）

まとめ

- パソコン内を暗号化して身代金を要求する攻撃
- WiFi機器のアップデートも対策になる

猛威を振るう
ランサムウェア②

 その他にもたくさん攻撃の種類があるのよ。次のものを覚えておきましょう。

攻略ノート

●ドライブバイダウンロード

　Webサイトに**マルウェア**を埋め込み、利用者が気付かないようにそのプログラムをダウンロード、実行させる攻撃。ブラウザに脆弱性があると、サイト閲覧だけで感染する。

対策：ブラウザのアップデート、セキュリティソフトの導入。

●ポートスキャン

　パソコンやスマホはインターネットと情報をやり取りする出入口（ポート）が0〜65535番まである。サービスごとに暗黙的に決まったポートを用いるため、どのポートを使っているか調べると、動作させているアプリがわかる。そのアプリに脆弱性（ぜいじゃくせい）があれば、攻撃される可能性がある。

対策：動作しているサービスやアプリのセキュリティ更新をこまめに確認する。

●盗聴（スニッフィング）

　ネットワーク上を流れる情報を盗み見ること。インターネット上は、暗号化されていない通信は丸見えの状態で通信されている。

対策：暗号化通信（httpsなど）を使う。

●ボット

　指示の通りに動作するプログラム。攻撃者によって組み込まれると、**DDoS攻撃**に使われてしまうことがある。個人情報を外部に送信する**スパイウェア**の動きをすることもある。

対策：セキュリティソフト、アップデートプログラム

●ファイルレスマルウェア

　メーカー提供の正規のツールや機能を悪用するマルウェア。ファイルでは保存されずに、メモリ上だけで動作するため、セキュリティソフト（アンチウイルスソフト）では見つけづらい。

対策：アプリなどの「**ふるまい検知（EDR）**」製品の導入。**サンドボックス**での挙動テスト。

●ワーム

　自身のみで複製し単独で活動、拡散も自動的に行われるマルウェア。ウィルスとの違いは、宿主となるプログラムを必要とせず、そのプログラムが起動することにより感染すること。

対策：セキュリティソフト、**プライベートファイアウォール***での感染阻止。

●キーロガー

　キーボードを打った順番をログに残し、パスワードなどを盗む攻撃。

対策：パスワード入力時のソフトウェアキーボード（画面に表示されるキーボード）の利用、**セキュリティソフト**の導入。

●ダークウェブ

　サイバー攻撃のハッカー集団が集っている闇のネットワーク。特殊なブラウザで特殊なURLにより接続される。ランサムウェアの機能追加、情報漏洩したクレジットカード番号やID/パスワードが売買されている。

***プライベートファイアウォール**：個々のパソコンで機能するファイアウォール。

 攻撃にもこんなに色々あるんだ……。

 それぞれの違いと対策を覚えておくといいわ

 対策がわかれば、試験はもちろん、自分の身も守れるし一石二鳥だね。

 これだけわかれば主なところはカバーできるけど、攻撃はこれ以外にもあるの。用語集※にもまとめてあるからあとで見てね。
さて、ここまでの復習として演習問題も解いてみましょう！（演習問題については7ページの案内をご確認ください）

※用語集はダウンロードサービスから参照できます。7ページの案内をご確認ください。

まとめ

- 感染経路や防御策、感染を広めない方法をまとめておこう
- 攻撃手法はそれぞれの違いと対策を覚えよう

3

セキュリティ対策で情報を守れ！

リスクを管理する

 たくさんの**サイバー攻撃**があるんだね。どこまでの攻撃に備えれば安全なのかな？ 危険性をキチンと見定めないとね。

 そうね！ リスクを管理して、守るべき範囲を決めることも大事よ。ここからは「**リスク管理**」という分野を勉強しましょう！ ITパスポート試験にも、たくさん出題される大事な分野よ。

攻略ノート

●リスクとは

リスク 損害を被る可能性のこと。次のような種類がある。

・**サイバー攻撃**によるリスク
・**ソーシャルエンジニアリング**によるリスク（人間の心理的操作に基づく攻撃）
　例：人間の心理の隙を利用して情報を聞き出したり行動を誘導したりすることや、盗み見（**ショルダーハック**）、ゴミ箱漁り（**トラッシング**）
・内部不正・誤操作によるリスク
・紛失・破損や災害・破壊によるリスク

 サイバー攻撃のリスクもあるけど、デジタルの技術的手法を用いない方法（**ソーシャルエンジニアリング**）によるリスクもあるの。例えば、肩越しに暗証番号等を盗み見する**ショルダーハック**という方法や、ゴミ箱に捨てられた紙や機器を漁る**トラッシング**などがあるわ。
情報の**内部不正**や**誤操作・盗聴**、もっと広めると、**紛失・破損、災害**や**破壊**などもリスクに入るわ。

 リスクに対応するには、鉄壁の防御が一番だね！

 そうね。内部と外部に分けて考えると、内部不正を防止するために、**アクセス管理**、つまり、しっかり**ログ監視**するというのも一つの方法ね。社内パソコンは閲覧サイトを常に記録してチェックしてますよーとなると、そうそう変なサイトは社内からは見ないわよね。リスク対策面でも抑止効果があるのよ。

 なるほど……セキュリティは強いほどいいのか。

 でもやみくもに考えては、お金がかかっちゃうわ。**リスクマネジメント**、つまり「管理」（マネジメント）することが大事よ。そのためにはリスクを評価（**アセスメント**）する必要があるわ。

攻略ノート

●リスクアセスメント

　<u>アセスメント</u>とは、評価・査定・見積などの意味。どれくらいのリスクがあるか評価するには次の順番で行う。

リスク特定→リスク分析→リスク評価

 **リスクアセスメント**っていうのは、リスクを評価することなの。まずはどんなリスクがあるか見つけるところから始めるのよ。会社や自分にとって存在するリスクを洗い出す**リスク特定**。リスクの発生頻度や影響度・大きさを<u>レベル付け</u>する**リスク分析**。そして、どのリスクを優先的に対応するかの**リスク評価**の方法で判断するの。

 がむしゃらに防御するのではダメなんだね。

 リスクとして評価された項目は、対処する必要があるのよ。リスクの対処法には、**リスク共有、リスク回避、リスク保有または受容、リスク低減**という考え方があるの。

攻略ノート

●リスクの対処法

・**リスク共有**

リスクを第三者と共有する

例：発生時の損失を**保険に入る**ことによって、カバーする（保険会社と共有する）。セキュリティ管理を外部の専門会社にアウトソーシングする。

・**リスク回避**

リスクを発生しないように取り除く。

例：個人情報漏洩のリスクを回避するため、個人情報を取り扱わない。

・**リスク保有（受容）**

影響とコストを考えリスクを受け入れる。

例：ネットワークにつながないので古い脆弱性のあるシステムを、（やむなく）使い続ける。

・**リスク低減**

リスクの発生頻度や損失を減らす。

例：バックアップ。システムが壊れても、バックアップ時点に戻る。その他に、システムの最新化、ファイアウォールの設置など。

 意外と簡単なところからリスクを低減したり回避したりすることができるのよ。例えば自社の**WiFi**の**ESSID**を、スマホの**WiFi**画面などに表示しないように（**ステルス化**）すると、悪い事をしようとする人に気づかれなくて、**リスク低減**になるわね。

攻略ノート

●サイバー攻撃へのリスク対応の例

WiFiの**ESSID（SSID** * **と同様の意味）**を、みんなのスマホに表示されないように隠しておく、ESSIDを**ステルス化**しておく。

→攻撃者に見つかりづらいため、攻撃を受ける頻度を減らせる。なお、接続したい人は、スマホのSSID選択画面で、「その他」を選びSSIDを手入力する。

WiFiの**SSID**って表示させないようにもできるのかぁ。設定一つで変更できるから、これならお金はかからないね。

あとは、**IDS（不正侵入検知）**や**IPS（不正侵入防止）**、同時に行う**IDS/IPS**機器を導入して、インターネットからの不正侵入を最小限にとどめたり、万が一、侵入されても**マルウェア**の感染が広まらないようにパソコン一台一台に**プライベートファイアウォール**を設定したりすることも、リスク低減になるわ。**EDR（挙動監視）**という、おかしな挙動を検知して迅速に対応をとるというものまであるのよ。

なるほどね。

リスク対策するのに効率的なのは、情報システムへの攻撃の段階のパターンを知り対処すること。それを分析したモデルとして、**サイバーキルチェーン**があるわ。
攻撃は、**偵察・武器化・配送・攻撃・インストール・遠隔（リモート）操作・目的達成の段階**に分けて進められるの。これを参考に防御策の立案に役立てることができるのよ。

---

* **SSID**：WiFiの電波を探すときにみる数字や英語の羅列のこと。

攻略ノート

●その他のリスク対応の例

・**IDS（不正侵入検知）**や**IPS（不正侵入防止）**を備えて、不正侵入を検知・防止し、侵入確率を最小限に減らす。

・パソコン1台ごとに**プライベートファイアウォール**を備えて、2次感染を最小限度にとどめる。

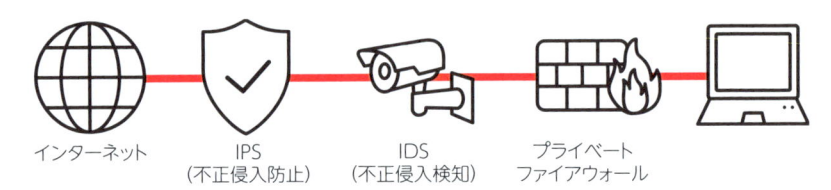

インターネット　　IPS　　　　　　IDS　　　　プライベート
　　　　　　　　（不正侵入防止）（不正侵入検知）ファイアウォール

●サイバーキルチェーン

敵の攻撃のパターンを分析したモデルのこと。以下の順番で、サイバー攻撃を進めている敵を知り、初期の段階で攻撃の手を止められれば、より安全になる。

偵察　▶　武器化　▶　配送　▶　攻撃　▶　インストール　▶　遠隔操作　▶　目的達成

サイバー攻撃全般について言えることは、周到に準備され実行されているということ。私たちも周到にセキュリティを整えていかなければ安全とはいえないわね。

周到に準備かぁ。まずは取り掛かれるところは何かなぁ？

そうね……。USBを刺した瞬間に、USB内のプログラムを自動実行する**オートラン**の設定を無効にするとか、パソコンの中に記録したファイルは、削除しても復元できてしまうから、確実に消去する**セキュアイレース**を行うとかかな。最初から**ディスク暗号化**したり、**ファイル暗号化**しておくのがいいわね。

なるほど。

あとは、プログラムを起動するときに、正当なものかをデジタル署名から確認する**セキュアブート**、もっと単純な、机の上の情報も漏洩しないよう机の上をきれいにする**クリアデスク**も、すぐに取り掛かれるセキュリティよ！

セキュリティ対策は、「まず、手を付けられるところから始める」。行動に移すことが大切だね！

さて、ここまでの復習として演習問題を解いてみましょう！（演習問題については7ページの案内をご確認ください）

3

セキュリティ対策で情報を守れ！

まとめ

- リスクマネジメントの進め方や方法を整理しておこう
- リスクは「種類→4つの対応方法→低減方法」の順で覚えよう

暗号化

リスクを把握して理解した上で、セキュリティ対策を練るのが重要だね。

私たちの身近なところでセキュリティを保ってくれている技術も勉強しましょう。まずは、暗号化技術よ！

インターネット上の情報は、中身丸見えの**小包（パケット）**に入れられて、たくさんのルーターと呼ばれる機器をたらいまわしにされて、相手に届くの。悪い人がルーターを設置していたら、そこを通過するパケットの中をすべてのぞき見ることもできるわ。

それじゃ、ネット銀行のID・パスワードも盗まれ放題じゃないか！

そこで暗号化技術が活躍するのよ。暗号化してから小包で送ると、途中でのぞかれてもわからないでしょ？

ここは試験にはよ〜くでるから、しっかり覚えましょう！

攻略ノート

●暗号化技術

　データの内容を隠した状態でやり取りするための技術の総称。インターネットを利用する情報は、**小包（パケット）**と呼ばれる単位で運ばれる。パケットには宛先が書かれており、そこに到着するまでに、何台もの**中継機（ルーター）**を通過する。

→中継機（ルーター）が悪者の物だったらのぞかれる（盗聴）リスクがある。

→パケットの中を、のぞかれても分からないように暗号化する必要がある（暗号化したものを元に戻すのを復号化という）。

●暗号化の種類

・共通鍵方式

同じ鍵で暗号化も復号も行う。代表的な共通鍵方式の暗号化として、**AES** がある。暗号強度 (解読されなさ) は、鍵の長さに依存する。鍵の長さは128bit、192bit、256bit が選べる (bit とは 0 か 1 で示される 2 進数の1桁)。

→鍵のbit数が多いほど0と1の組み合わせパターンが多いので、**ブルートフォース攻撃 (総当たり攻撃)** に耐えられ、暗号強度が高い。

・公開鍵方式

公開鍵と**秘密鍵**の2つの鍵を用意する。

公開鍵で暗号化したものは、秘密鍵でしかもとに戻せない。

代表的な公開鍵方式の暗号化には、**RSA暗号**、**楕円曲線暗号**などがある。

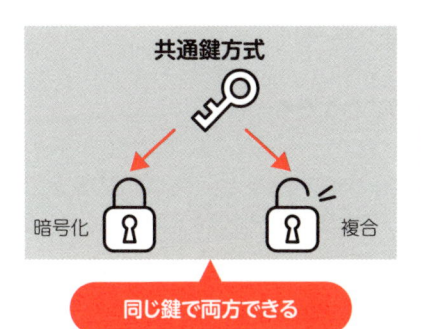
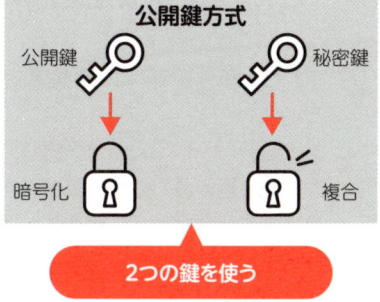

暗号化は大きく分けると2種類あるわ。一つ目が<u>共通鍵方式</u>。同じ鍵で、暗号化したり、復号化といって元に戻したりするの。計算も高速で、便利なのよ。昔は **DES** と呼ばれる技術で鍵を使って暗号化していたけど、今は **AES** と呼ばれる技術で暗号化しているわ！

AESは鍵の大きさも128bit、192bit、256bitと選択できるけど、<u>ブルートフォース攻撃 (総当たり攻撃)</u>で全パターンを試されると、いつか暗号を解かれてしまうから、長い鍵の方が安全ね！

 おっ！　さっき勉強した**ブルートフォース攻撃**がさっそく出てきたぞ！

 もう一つが、**公開鍵方式**。**公開鍵**と**秘密鍵**という２つの鍵を用意して、公開鍵で暗号化したものは秘密鍵で復号できるの。

 面白い仕掛けだね。

 暗号化の計算方法は**RSA暗号方式**と呼ばれるものが主流よ。大きな数の素因数分解が難しいことに基づく暗号化方式なんだって！　**公開鍵**は、大勢の人に配布して、秘密鍵は自分だけが持っているの。
例えば、私が**秘密鍵**で暗号化したものを、私の**公開鍵**をもつ田中くんに送信したとするでしょ。田中くんは受け取った情報を、私の**公開鍵**でもとに戻せたら、その情報は「必ず私から送ったもの」となるの。暗号化もできて、送り主も確定できるって、便利よね！

 それなら、**公開鍵方式**だけでいいような気がしてきたぞ。

 ところがね、**公開鍵方式**は複雑な仕組みだから、暗号化も復号化も処理の時間がかかるのよ。**共通鍵方式**は処理も早いわ！

 一長一短だなぁ。どっちを使うのがいいんだろう？

 そこで、**ハイブリット暗号化方式**ね。ハイブリットという共通鍵方式と公開鍵方式を組み合わせた方式があるの。日本語に翻訳すると「混合」という意味よ。両方混ぜ合わせて利用するってことね。

攻略ノート

●ハイブリッド暗号化方式

・**共通鍵方式**
　メリット：処理が速い　**デメリット**：鍵を安全に相手に渡す方法が困難

・**公開鍵方式**
　メリット：鍵の受け渡しが簡単　**デメリット**：処理が遅い

→両方の良いところ取りするのがハイブリッド！

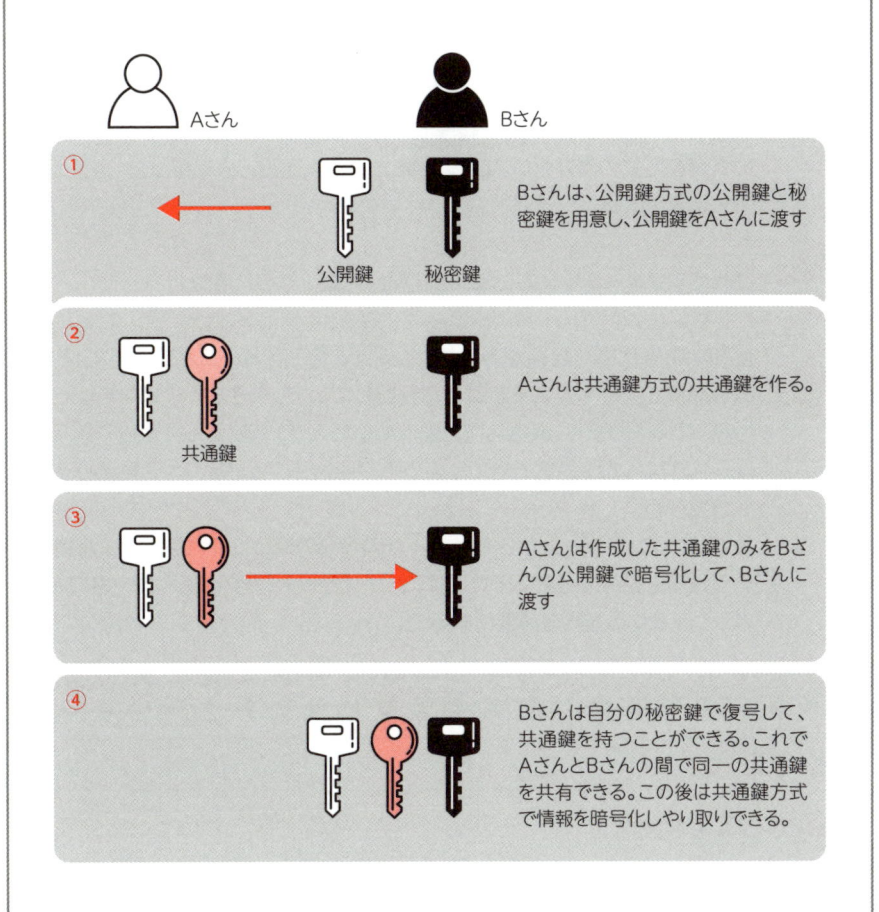

→公開鍵方式は遅くても、共通鍵は256bitと小さいため、高速かつ安全に受け渡せる

→情報量の多いメールは共通鍵で安全に伝えられ、高速で処理できる。

すごく巧みな方法よね！ 暗号化技術は安全な情報の受け渡しに欠かせない技術なのよ。httpで始まるURLは暗号化されていない通信でやり取りするので危険だけれども、httpsで始まるURLはこのハイブリッド暗号化を用いているから、通信が暗号化されていてのぞき見されないという安心感はあるわね！

 すごいなぁ。一見すると単純な技術を、巧みに使っているね。

 WiFiのように、**PSK（プレシェアーキー）** と呼ばれるパスワード（パスフレーズ）が、WiFiの機器にシールで貼ったり、お店で「パスワードはこちら」と壁に書いてあったりするように、インターネットを利用しないで共通鍵に当たる情報をやり取りできる場合は、そのまま共通鍵方式を利用しているわ。WiFiの共通鍵方式の暗号化はAESやSAEという共通鍵方式を使った**WPA3**という方法が主流ね。

 これでインターネット上を流れる情報は完璧に守られるね！

 便利な暗号化にも課題があるのよ。先ほどのBさんのことを考えて。Bさんは公開鍵を誰でも見れるところに公開していて、Aさんになりすました人にも見られる。つまり、Aさんだと思っていた人が、偽物だったとしてもハイブリッド暗号方式で通信できてしまうの。相手が本物かどうかを見極める技術も必要だわ。
まずは、ホントの本人からのメールなのかを約束してくれるデジタル署名という技術を紹介するわ。それには、ハイブリット暗号化のノウハウに加えてハッシュという技術も必要になるの。

攻略ノート

●デジタル署名技術
情報のやり取りしている「相手」が本物かを見極める技術。

●ハッシュ関数
ハッシュ値を求める処理のこと。同じ情報から求めたハッシュ値は同一になるという特徴がある。ただし、ハッシュ値から元の情報は復元できない（**不可逆**という）。

・ハッシュ関数は、SHA-2やSHA-3が主流（昔はMD5やSHA-1を使った）。
・SHA-2の出力するハッシュ値の長さは256bitが主流（224,384,512bitも選べる）。

偶然、異なる情報から求めたハッシュ値が同じということはあり得る。これを、**ハッシュ値の衝突**と呼ぶ。

・SHA-2の256bitの場合、衝突の可能性はほぼあり得ないと言ってもよい確率。

メールの文章から、**ハッシュ値**を求めて、そのハッシュ値を自分の**デジタル署名の秘密鍵**で暗号化して、メール本文の末尾に暗号化後の情報を付けて送るのよ。受け取り側は、メール本文は暗号化されていないから、すぐに読めるし、本人からの本物のメールかどうかは暗号化されたハッシュ値（デジタル署名という）を公開鍵で復号化して、本文から再計算したハッシュ値と比べて確認するとわかる仕組みなの。

攻略ノート

●デジタル署名の仕組み

メールを送る側は

①メールから**ハッシュ値**を求める。

②自分の**デジタル署名の秘密鍵**でハッシュ値のみを暗号化（署名化）する。

③（暗号化してない）メールの本文の末尾に、暗号化したハッシュ値を追加する。

メールを受け取った相手は、

①メール本文は暗号化されていないのですぐ読める。

②本当に本人が送ったのか確認するときは、暗号化されているハッシュ値を送り主のデジタル署名の公開鍵（検証鍵）で復号（検証）する。

③復号（検証）の過程で得られたしたハッシュ値と、自分でメール本文から求めたハッシュ値が同じであれば、本人から送られてきていることと、配送途中で誰かが改ざんしていないことが確定する。

※仕組みをITパスポート向けに簡略化して説明しています。

 なるほど！　契約書などの一番下にサインするように、メール本文にデジタル署名を付けることによって、本人だってわかるんだ。これで安心だね。

 まだ、安心するのは早いわ！　**公開鍵方式**を使う技術で問題になるのが、「公開鍵が本物なのか？」という問題。例えば、Bさんになりすました人が公開した鍵かもしれないじゃない。

 うーん、悪い人はトコトン悪いことを考えるね。

 そこで登場するのが、**認証局（CA）**よ！

攻略ノート

●認証局（CA）

　公開鍵が本当に本人のものだということを、証明してくれる機関。

　認証局の発行するデジタル証明書には、**サーバー証明書やクライアント証明書**などがある。証明書には、公開鍵＋所有者情報＋発行した認証局＋有効期間が記されている。

　認証局の証明書自体が本物であるかは**ルート証明書**で証明する。

 信用できる機関が「この人の公開鍵はこれです！」と証明するものを発行するのよ。これが**デジタル証明書**。デジタル証明書には、公開鍵の他に、鍵の所有者情報、発行した認証局、有効期間などが書かれているわ！
認証局自身が「自分は本物の認証局です」と発行する**ルート証明書**や、サービスを提供しているサーバー向けの**サーバー証明書**、それを利用しているお客さん（クライアント）に発行する**クライアント証明書**などたくさんの種類があるわ。

 本物の公開鍵があって、暗号化の仕組みがあれば安心だね！

公開鍵の技術で安心できる仕組みを**PKI (パブリックキーインフラストラクチャー)**というわ。この技術はインターネットを閲覧するURLが**https**で始まる**SSL/TLS**という暗号化技術、**S/MIME (エス・マイム)**と呼ばれるメールを暗号化する技術など、さまざまなところで、役立っているわ。

攻略ノート

●PKI (パブリックキーインフラストラクチャー)

　公開鍵や秘密鍵の仕組みを活用している仕組み全体のこと。代表的なものは次のとおり。

- **https**ではじまるURLのサイトとの通信
- ハイブリッド方式の応用の**SSL/TLS方式**で暗号化通信メールのやり取り
- **S/MIME**というメール本文を生成した共通鍵で暗号化、その共通鍵を公開鍵で暗号化してともに送る暗号化メール

暗号技術ってすごいなぁ。でもさ、暗号技術が凄くても、誰かが自分に成り代わってメールシステムに侵入してメールを送信したら、結局、偽の人からのメールを信じてしまうことになるね。

すごいわね！　だんだんセキュリティに詳しくなってきたわね。**PKI**がどんなにすごくても、それを操作する人が偽物だったら結局は破綻してしまう。次の章では本人を認証する仕組みを勉強しましょう。
さて、ここまでの復習として演習問題を解いてみましょう！(演習問題については7ページの案内をご確認ください)

まとめ

- 2つの暗号化方式、ハイブリッド暗号化の仕組みを押さえる
- 暗号化の応用技術、デジタル署名の仕組みを理解する

3-9 認証技術

 認証って、あのIDとパスワードを入れるヤツだよね？

 そうよ。そうよ。認証には次の3種類の要素があるのよ。

攻略ノート

●本人認証の要素

- **知識認証**：本人が知っていること。パスワードや秘密のキーワード。
- **生体認証**：バイオメトリクス認証。指紋・顔・筆跡・キーストロークの癖、手の平の静脈認証や瞳で判断する網膜認証・虹こう彩認証。
- **所持認証**：本人の持ち物。スマホ、USBトークン、キーカードなどの物理的なもの。また、メールやSMSで認証番号を送って認証する。

●生体認証の課題

本人拒否率（FRP）や他人受入率（FAR）の問題がある。

 IDとパスワードの組み合わせは、本人が「知っている」ことによる**知識認証**というの。他にも、「本人そのもの」を**指紋**や**声紋**、**フェイス（顔）**、さらには**筆跡**や**キーストローク**で判断する**バイオメトリクス（生体）認証**、SMSやメールに番号を送り「本人の持ち物であること」確認する**所持認証**があるわ。
最近では「手のひら」をかざす**静脈パターン認証**、瞳で判断する**網膜認証**、瞳の黒目の模様で判断する**こう彩認証**などもあって、技術進歩がスゴイ分野なの！　ただ、生体認証には、本人なのに拒否される確率（**本人拒否率〈FRR〉**）や、他人を認めてしまう確率（**他人受入率〈FAR〉**）などの問題も残っているのよ。

最近、SNSのアカウントが乗っ取られるから、**二要素認証**にした方がいいよって聞くよね。これも認証技術だよね。

ええ。細かいことを言うと、3つの要素のうち2つを用いて認証することを**二要素認証**というの。1つの要素で2回同じ検証をするのは、**二段階認証**とよぶのよ。例えば、ID・パスワード認証の次に「あなたの母親の旧姓は？」などの質問への回答を聞く認証ね。ともに知識認証で、それを2回行っているから二段階認証ね。

攻略ノート

●二要素認証と二段階認証

2つ以上の要素を用いる。（知識認証→所持認証）を**二要素認証**。

1要素で2回認証する（パスワード→秘密のキーワード）を**二段階認証**。

完ぺきそうだけど、最近では犯人が偽物のログイン画面を準備して、被害者のログインIDとパスワードを入手し、リアルタイムで本物のログイン画面に入力するの。さらに二要素目として例えばSMSに送られてくる番号も、偽サイトからリアルタイムで入手し本物のサイトに入力すれば、犯人は**2要素認証**でもアカウントにログオンできてしまうのよ。

ほんと、悪い人はトコトン悪いことを考えるな！　許せないぞ！

そのために、**ワンタイムパスワード**といって、サイトが1回だけ表示するパスワードを、利用者がスマホなどで選択する方法も取られているわ。犯人が本物のサイトからパスワードを知っても、偽物のサイトを見ている利用者はそのパスワードがわからないから選択できず防げる、などの工夫をしているサイトもあるのよ。

二要素認証は、サービスを起動するごとに確認されると面倒だから、一度、信頼のあるサービスにログオンできれば、他のサービスはそれを信用するという、一回のログオンで複数のサービスにログオンできる**シングルサインオン**という仕組みもあるわ。

ウェブ上の認証技術ばかり取り上げてしまったけど、物理的な対策も必要よ。例えば、重要なコンピュータがたくさん置いてあるサーバー室など、機密情報のある部屋への入退室を管理する**入退室認証**も重要ね。

犯人が、シレっとその部屋に入ったら全部の情報が盗まれちゃうもんね。

ICカードを持つ人が他人を共連れ入室しないように、「入室した履歴のあるICカードのみ退室できる」「退室したICカードのみ入室できる」ようにする**アンチパスバック方式**なども知っておくといいわ。このように工夫すると、一人がICカード認証して全員が入るということを防げるわ。

攻略ノート

●物理的なコンピュータ室のセキュリティ

出入口はICカードや生体認証を採用する。「入室すると退室可」「退室すると入室可」になる**アンチパスバック方式**で共連れ入出を防ぐことも有効。

セキュリティって簡単なたくさんの技術が組み合わされてできているんだね。「どこをどれだけ守るべきか」を決めないと、キリがないね。

そう。何を守るか、どこまで守るかを決める必要があるわ。それを**ポリシー**と呼ぶの。そして**ポリシー**に従ってルールを作り守っていくのよ。これまでたくさんの人が試行錯誤して作ってきたから、作り方のコツみたいなものもあるわ。次はそこを勉強しましょう！
さて、ここまでの復習として演習問題も解いてみましょう！（演習問題については7ページの案内をご確認ください）

まとめ

- 本人認証は3つの要素を押さえておく
- 二要素認証・二段階認証の違いと仕組みを覚える

3-10 情報セキュリティの 3要素＋4要素

 さっきはセキュリティーには何をどこまで守るかという**ポリシー**とそれを ルールにしたものがあるって話をしたわね。

 うん。その**ポリシー**とかルールの作り方にもコツがあるって話だよね。

 そう。多くの会社などが試行錯誤して作成してきた**ポリシー**やルールの作り 方のノウハウをまとめたものが、**情報セキュリティマネジメントシステム**よ。 システムといっても、ここでは「仕組み」という意味合いね。頭文字を取って **ISMS（アイエスエムエス）**と呼ぶわ。 国際規格の**ISO**が**27000シリーズ**としてノウハウを公開し、日本規格のJIS が翻訳して**JIS Q 27000**シリーズとして公開しているのよ。

 世界中で、情報セキュリティの**ポリシー**やルール作りをしているんだね。

 そうよ。数年に一度、時代に合わせて更新されているわ。その中で情報セキュ リティの基本中の基本として「情報の**機密性（きみつせい）・完全性・可用性**」 を守ることが情報セキュリティの目的だと定義されているわ。

 **機密性**というのは、文字からすると、秘密をキチンと守ること。**完全性**という のは、変なふうに変更されていないこと、**可用性**ってなんだろう？

 ポイントはノートで説明するわ。

●情報セキュリティマネジメントシステム

組織で情報セキュリティを管理するためのポリシー（社内ルールなど）の作り方のノウハウ集。**ISMS** とも呼ばれる。

●関連用語

- **ISO27001**：ISMS の国際規格。
- **ISMS認証**：ISO27001 をに基づいて ISMS を構築・運用できているかを定めた認証制度。国際規格。
- **Pマーク**：個人情報が適切に取り扱われているかを定めた認証制度。国内のみで適用される企画。
- **中小企業の情報セキュリティ対策ガイドライン**：IPA（独立行政法人情報処理推進機構）が定めた、中小企業が情報セキュリティに取り組む際に実施すべき指針や手順をまとめガイドライン。

●情報セキュリティの三要素

- **機密性**

  情報や内容が漏れないように、外部に知られないようにすること。許可された人だけが情報を使用できる。

- **完全性**

  情報が改ざんされていなくて完全であること。改ざんとは、故意に変更されたことをいう。

- **可用性**

  必要があるときにすぐ使うことができること。不便さを感じさせないこと。

  →この3つを、バランスよく持つことが情報セキュリティの目的。特に可用性は忘れられがちだから要注意！

 たしかに、**機密性**と**完全性**を追求すると、**可用性**が損なわれそうだから注意だね。

 以上が特に重要な要素だけど、さらに追加で次の4つも押さえておくといいわ。

攻略ノート

●追加の4要素

- **真正性**：情報へアクセスしているのは「正に本人です」ということを示す性質。
- **信頼性**：意図したとおりの結果をキチンと出してくれる性質。
- **責任追跡性**：ログやアクティビティがキチンと取れていることを示す性質。
- **否認防止**：起こした行動などを後から「自分がやったものではない」と否定されないようにする性質。

 セキュリティを守るための**ポリシー**やルール作りのときに抜けてしまいそうな視点よね。それを漏れなく無駄なくダブりなく作ることができるのが**ISMS**という「ルールを作るためのルール」なのよ。

 ルールを作るためのルール？　実際はどんなものなの？

 詳しくは次の項目で説明するわ。さて、ここまでの復習として演習問題を解いてみましょう！（演習問題については7ページの案内をご確認ください）

まとめ

- ISMSの仕組みやPマーク等の違いを理解する
- 情報セキュリティの基本3要素と追加4要素を押さえる

ISMS、セキュリティポリシー

 前の章ではルールを作るためのルールとして、ISMSの説明をしたわね。**ISMS（情報システムマネジメントシステム）**は、具体的にポリシーにこのような内容を含めなさいと教えてくれているわ。

攻略ノート

● ISMS（ISO2701）の具体的内容

- ・1章から3章：ISMSの用語説明など
- ・4章から5章：組織や範囲の定義やセキュリティ管理のリーダーシップ
- ・6章：計画
- ・7章：支援（実行するための資源や力量・認識、ドキュメントの準備）
- ・8章：運用
- ・9章：パフォーマンス評価（**内部監査**）
- ・10章：改善

● ざっくりまとめると……

- ・4・5章には、社長や**ステークホルダー（利害関係者）**が決定した、会社（組織）の**情報セキュリティ基本方針**（こういう方針で守りましょうという意思表明）が書かれている。
- ・以降の章には、決められた基本方針の運用の仕方が書かれている。

 ISMSを参考に、各会社が情報セキュリティポリシーを作ると、漏れなく無駄なく作れるってことなんだね。キチンと内部監査まで定義されているし、厳しそうだな……。

情報セキュリティ方針を作成するときは、**ステークホルダー（利害関係者）**と**情報セキュリティリスク**について**リスクコミュニケーション**（リスクに関する情報共有）を図らないと作成できないわ。

万が一、セキュリティ事故が起こったとき（**インシデント**）の対応策まで考えたルールにしなさいと書かれているから、結構厳しいわよ。

攻略ノート

●情報セキュリティ方針のPDCA

6章から10章まで順に実行して、また6章に戻るを繰り返すこと。「**情報セキュリティ委員会**」を作って、PDCAを回しなさいというルール。

→計画（Plan）、運用（Do）、評価（Check）、改善（Action）のサイクルで回す（**PDCAサイクル**）

一度、きっちり作っておけば、あとは**PDCAサイクル**で、より良くなっていくから安心よ。最近では、クラウド利用が一般的になってきたから、クラウド固有の管理策に対応した**ISMSクラウドセキュリティ認証（ISO27017）**っていうのも作られたのよ。

ISMSを守ってポリシーやルールをつくるのは、小さな会社は大変すぎて手が出なさそうだな……。

絶対に必要な要素から着手していけばいいわ。情報セキュリティポリシーは、**基本方針・対策基準・実施手順**が書かれていればよいとされているの。まず基本方針を作って、どのリスクに対策を立てるのか、どのように実施運用するのかの要素が入っていればいいわね。

それに、個人や企業だけで頑張るのではなく、政府や国もバックアップしてくれているの。様々なガイドラインを参考にして作成していいのよ。

攻略ノート

●様々なガイドライン

・**サイバーセキュリティ経営ガイドライン**
　会社を守るための経営者の責任やセキュリティ管理などを定めている。

・**中小企業の情報セキュリティ対策ガイドライン**
　中小企業へ具体的な情報セキュリティの対策がピックアップされている。

・**情報セキュリティ管理基準**
　企業や組織が守らなければならない基本的なルールや基準。

・**組織における内部不正防止ガイドライン**
　社内の人に情報漏洩や不正利用をさせないためのガイドライン。

・**サイバー・フィジカル・セキュリティ対策フレームワーク**
　デジタルと現実（フィジカル）の両方から安全を守るための仕組み。

・**IoTセキュリティガイドライン**
　IoT（インターネットにつながるモノ）機器を安全に使うためのガイドライン。

・**PCI DSS (Payment Card Industry Data Security Standard)**
　クレジットカードの情報を安全に管理するための国際的なルール

 それでも困ったときは、次の機関に相談するといいわね。

攻略ノート

●情報セキュリティ組織

・**CSIRT (Computer Security Incident Response Team)**
サイバー攻撃や情報漏えいなどのセキュリティ問題が起きたときに対応する専門チーム。

・**SOC (Security Operation Center)**
企業や組織のネットワークやシステムを24時間365日監視する専門のチームやセンター。

●情報セキュリティ機関

・**サイバーレスキュー隊 (J-CRAT)**
企業や組織がサイバー攻撃を受けたときに、救助や支援を行う専門チーム。

 へぇ、専門組織なんてあるのか。

 情報セキュリティは、関連制度も充実しているのよ。次のような制度を使ってみることも一案ね。

攻略ノート

●情報セキュリティ制度

・**コンピュータ不正アクセス届出制度**
不正アクセスされた場合に、それを国に報告する制度。どんな不正行為が行われているかを把握し、対策を強化していくことが目的。すぐに届け出ることで、対策が講じられやすくなる。

3

セキュリティ対策で情報を守れ！

- **コンピュータウイルス届出制度**

  新しいコンピュータウイルスの発見や感染した場合に、それを国や専門機関に報告する制度。広がっているウイルスの情報を集め、他に広がらないように対策する。

- **ソフトウェア等の脆弱性関連情報に関する届出制度**

  脆弱性を報告する制度。早急に修正を行うことにより、ソフトウェアを安全に利用できる。

- **ISMAP（政府情報システムのためのセキュリティ評価制度）**

  政府が使っている情報システムやクラウドサービスが、セキュリティ基準を満たしているかを評価する制度。

- **J-CSIP（サイバー情報共有イニシアティブ）**

  企業や政府がサイバー攻撃に関する情報を共有し合うための仕組み。同じ攻撃を他の会社が受けないようにすることが目的。

- **SECURITY ACTION**

  中小企業がセキュリティ対策を行っていることを示すための自己宣言。「私たちは情報セキュリティを大事にしています」と自己宣言することで、信用を高める。

どれもこれも、「えっ！　無料なの！」と思えるほど有益なものばかり。利用しない手はないわね！
さて、ここまでの復習として演習問題を解いてみましょう！（演習問題については7ページの案内をご確認ください）

まとめ

- ISMS（ISO27001）は内部監査・PDCAが重要
- ガイドライン・関連組織・関連制度をまとめておこう

ネットワークで世界と
つながる！

第4話で学ぶのはこんなこと！

　ネットワーク技術は、現代のIT社会を支える基盤です。LANやWANの違い、インターネットの仕組み、IPアドレス、プロトコル（TCP/IPなど）、ルーターやスイッチの役割など、ネットワークの基本を学びます。ネットワークを通じてどのように世界中とつながることができるのかを理解しましょう。この知識は、業務だけでなく、日常生活でも役立つ基礎力となります。

POINT ① ネットワークの基本構造を理解する

　スマホは、どのようにしてインターネットにつながっているのでしょうか。ネットワークの専門用語と構造、仕組みに触れていきます。

POINT ② ネットワークの通信技術について広く知る

　身近なネットワークが、どんな機器や技術で構成されているかを理解しましょう。

POINT ③ 応用技術の電子メールとIoTについて知る

　電子メールの機能や、IoT（モノのインターネット）の仕組みを学びます。いまやすべてのモノがネットに接続できる時代になっています！

通信共通のルール「プロトコル」

 世界中の異なるメーカーのコンピュータやスマホ同士がインターネットで情報をやり取りできるのはどうしてだと思う？

 そうだなぁ……。誰かが共通の情報のやり取りの方法を決めて、みんながそれを守っているからかな？

 すごーい！　正解！　そうなの、世界共通のルールがあるのよ！

攻略ノート

●ネットワーク

　複数のコンピュータやスマホ、プリンタなどの機器（デバイス）を互いに接続して、データなどをやり取りできるようにする仕組み。

●プロトコル

　通信をする際の約束事のこと。世界中のコンピュータがつながるために定められたルール。**ISO（国際標準化機構）のOSI**＊**プロトコル**など。

 まず、一つ目は**ISO（アイエスオー）**という国際標準化機構が決めた、**OSI（オーエスアイ）**というルール。7つの階層でルールを決めているの。

 なっ、7つもルールを決めているんだね。覚えられるかな……。

＊**OSI**：**OSIの7階層**（7つのルール）と呼ばれている。コンピュータが相互に通信するための手順や機能を7つの階層に分けて整理したもの。

 大丈夫。それぞれの層の違いはたとえでイメージするといいわ。これは情報の伝わり方を電話の発信側にたとえた例よ。

攻略ノート

●OSIの7階層：情報の送信側からみたOSIルール

- **アプリケーション層**：話す内容を決める（送りたい情報を作る）。
- **プレゼンテーション層**：それをどのように伝えるか決める（情報を通信用に変換する）。
- **セッション層**：受話器を操作して電話をかける（相手に通信をする）。
- **トランスポート層**：電話を鳴らして相手が出るのを待つ。
- **ネットワーク層**：市外局番の場合は他の地方に回線をまわす。
- **データリンク層**：指定した相手に回線を接続する。
- **物理層**：回線の形状や中を通る電気の強さなどのルール。

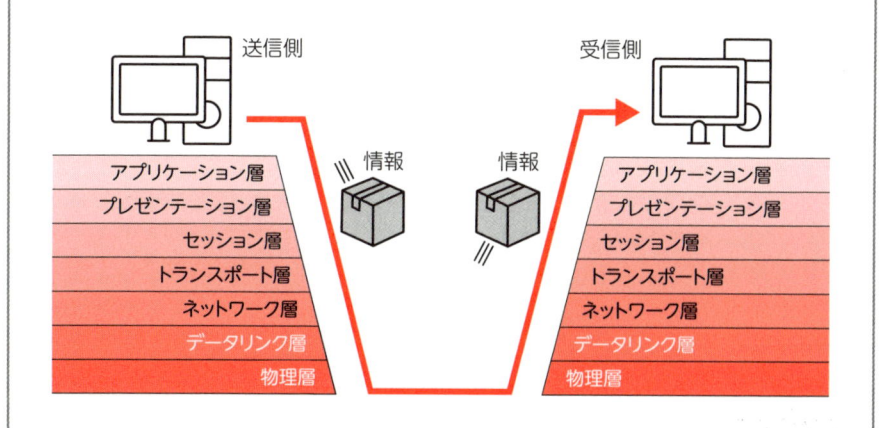

 ネットワーク層から下の層は、電話局の役割みたいだね

 そうなの！　いいたとえね。受信側はこうなるのよ。

攻略ノート

●受信側からみた OSI ルール

・物理層：回線の形状などが決まっているから世界中が繋がっている。

・データリンク層：自分の回線に相手からの電気が流れてくる。

・ネットワーク層：市外でも相手から接続がくる。

・トランスポート層：電話の呼び出し音が鳴る。

・セッション層：受話器を取る。

・プレゼンテーション層：通信用の情報をパソコン用の情報に変換。

・アプリケーション層：届いた情報を処理（表示や印刷）する。

 このルールがあるからネットワーク上でデータのやり取りができるんだね。

 でもね、7つも階層があると複雑だから、インターネットはもっと簡単にした ルールでつながっているのよ。それが2つめの **TCP/IP（ティーシーピー・ア イピー）** というルールなの。

攻略ノート

● TCP/IP プロトコル

インターネットで必要な部分だけに簡略化したルール。

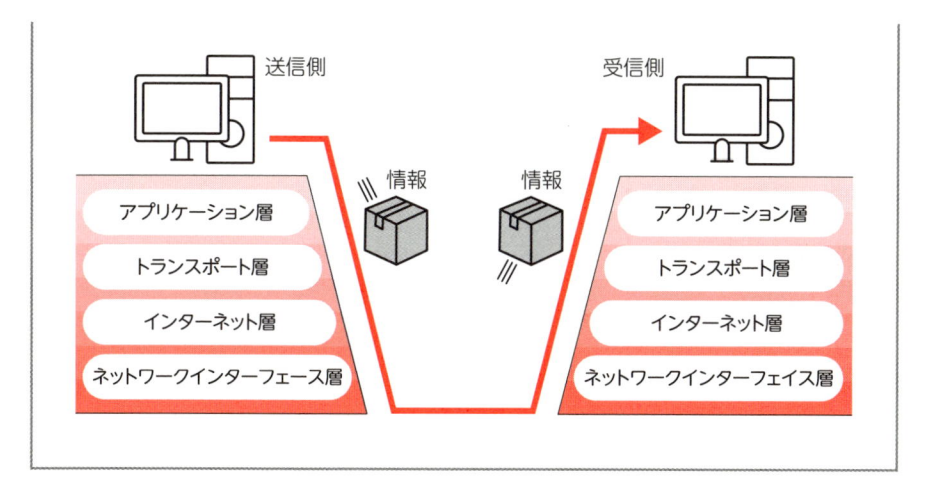

 こちらは4つの階層なんだね。

 TCP/IPをイメージに例えると、宅急便みたいな感じなの！

攻略ノート

●送信側からみたTCP/IPのルール

・**アプリケーション層**：送りたい情報を作る。

・**トランスポート層**：情報を複数の小包（パケット）にして、番号を付ける。

・**インターネット層**：小包に「送り先・送り主」情報のラベルを付ける。

・**ネットワークインターフェイス層**：小包が相手に届くように配送する
ルールや回線の形状や中を通る電気などのルール。

 情報をたくさんの**小包（パケット）**にバラして送付状ラベルを貼って出すのよ。次は、受信側の説明よ。

攻略ノート

● **受信側からみたTCP/IPのルール**
・ネットワークインターフェイス層：小包が手元に届く。
・インターネット層：自分宛ての小包か確認する。
・トランスポート層：複数の小包がバラバラに届くので、順番に組み立てる。
・アプリケーション層：送られてきた情報を処理する。

 小分けの情報が順序良く届いて組み立てられる仕組み、面白いね！ あっ、「3-4 暗号化」で勉強した**パケット**だ！ 中身が丸見えでネットを回るやつ！

 そうよ！ 暗号化や復号は**トランスポート層**が自動でやってくれるの。だから、アプリ開発者が暗号化のプログラムを書かなくてもいいのよ。

 ということは、悪い人たちはインターネット層やネットワークインターフェイス層から侵入するの？

 その通り！ その層を守る機器（**VPNルータ**）が狙われることもあるの。ネットワークの知識はセキュリティに直結するから、試験でも重要よ。
さて、ここまでの復習として演習問題を解いてみましょう！（演習問題については7ページの案内をご確認ください）

まとめ

・OSI・TCP/IPプロトコルの階層はたとえで覚える
・それぞれのプロトコルの層の役割を押さえておこう

4-2 インターネットの仕組み

 次はインターネットが世界中につながっている仕組みについて見ていきましょう。たとえば、田中くんが手に持っているスマホで、サイトが見れるでしょ。その仕組みがどうなっているかわかる？

 え〜と……情報を送受信するときはパケットにするんだっけ？

 そう！　まず、スマホがパケットを送受信するときは、**IPアドレス**と**MACアドレス**という2つの住所が必要になるの。それぞれ見ていきましょう。

攻略ノート

● IPアドレス

　インターネットの世界の中で誰とも被（かぶ）らないアドレス。**グローバルIPアドレス**ともいわれる（大きなビルの住所みたいなイメージ）。

　IPアドレスの中でも、家庭内や企業内で使うアドレスは**プライベートIPアドレス**という（ビル内の何階のどのオフィスの誰という住所のイメージ）。

● IPアドレスの表現方法

・**バージョン4 (IPv4)**：10.254.5.10のように、0〜255までの数字4つを「.（ピリオド）」で区切って表現したもの。

・**バージョン6 (IPv6)**：バージョン4で表現できる数が上限に達しそうなため作られたもので、もっと多くの数を表現できる。IPv6は2600:1417:43:28f::356eのように4桁の16進数という数を「:（コロン）」で区切って表現する。

 IPアドレスは、大きくグローバルとプライベートに分けられるわ。

 ノートに書いてあるように、グローバルIPアドレスが世界共通の住所で、プライベートIPアドレスは、建物内の場所を指すアドレスなんだね。

 そう！　そのグローバルIPアドレスが、IPv4で定義してる、数値で表せる上限に近づいてきて、これ以上インターネットにコンピュータを接続できなくなりそうになってきたの。そこでIPv6が考えられたのよ。3にゼロが38個付くくらい（2の128乗）の台数が接続できるようになったから、もう無限といってもいい数よね。

 そんなにたくさん？！　世界中のモノがインターネットにつなげられるね。

 そして、もう1つはMACアドレスという住所よ。

攻略ノート

●MACアドレス

　情報を発信する部品に付けられている世界で唯一の番号。情報発信のチップに刻印されているイメージ。8C-B8-7E-81-63-5Cのように、2桁の16進数という数を6つ「-（ハイフン）」で区切って表現する。

 MACアドレスは、情報を発信する部品一つひとつに刻印されているアドレスなの。パソコンであればLANケーブルの挿し込み口、スマホならWiFiの送受信する部品に付いているわ。

 2つの住所で情報の送受信をしているんだね。あれ？　でもIPアドレスをスマホに設定した覚えがないよ。

 スマホは基本的にプライベートIPアドレスを使っているわ。例えばカフェの WiFiを利用すると、カフェのWiFi機器（**ルーター**）がスマホに**DHCP**という 機能で、プライベートIPアドレスを割り当ててくれるのよ。

攻略ノート

●フリーWiFiからインターネットにつながる仕組み

①提示されている**ESSID**（略してSSIDと表示することが多い）とパスワー ドでWiFiルータにつなげる。

②WiFiルータの**DHCP**（違う機器を使う場合もある）という機能が、スマ ホに「このIPアドレス使ってね」と教えてくれる。

③スマホはIPアドレスを受け取って、設定する。スマホにIPアドレスが付 くので「○○カフェの中の□□番」が確定する。

④インターネットにつながる。

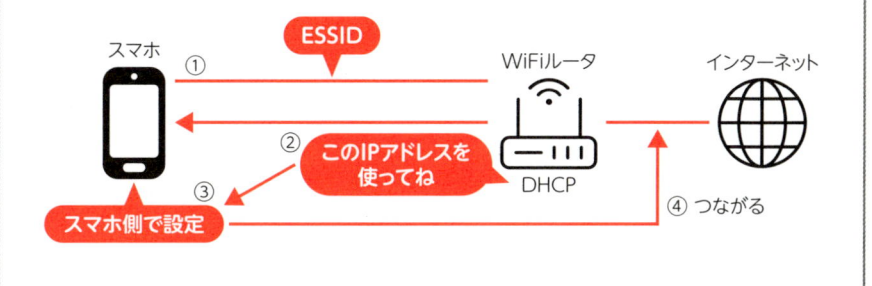

 そっか、色々な場所でWiFiに接続してインターネットにつながるのは、その 都度、プライベートIPアドレスを**DHCP**からもらっているんだね。

田中くんもだいぶネットワークに詳しくなってきたわね！

このカフェのWiFiルータとのやり取りする電波は、**WPA3**という**共通鍵方式**の仕組みで暗号化されているんだよね。「3-4　暗号化」で習ったばかりだ！

さすが！　ここでも知識がつながったわね。さらに深めると、WiFiというのは規格の名前で、**TCP/IPのネットワークインターフェイス層**で定義されているのよ。WiFi規格は昔はバージョン4だったけど、今は、5→6→6E→7と規格が新しくなり、通信速度も速くなってきているわ！　最近のインターネットは速度も速くて快適になったわよね。それも規格が新しくなって、それとともに機器も新しくなるからよ。

人に見られたくないSSIDはスマホ側に表示させないように**ステルス化**すると悪い人に気付かれにくくなって、セキュリティが高くなるんだよね？

すごーい！　「3-3　リスクを管理する」で勉強したことを覚えくれたのね！SSIDの名前は自由に設定できるから、提示してあるSSIDと同じSSIDをセットしたWiFiルータを近くに設置して、間違って知らずに接続してくる人のパケットをのぞき見するサイバー攻撃もあるから、気を付けてね。

こわいなぁ……。

カフェみたいな広さならWiFi電波も十分に届くけど、病院や工場など広い場所では、同じSSIDのWiFiルータを複数設置して通信が途切れないようにする**メッシュWiFi**という技術もあるわ。そのほかにも次のような規格があるから覚えておいてね。

攻略ノート

●WiFi規格について

　WiFiの規格は4→5→6→6E→7と進化し、速度がアップしている。SSIDを見えなくする**ステルス化**も設定可能。

広い場所では、WiFi機器を複数設置して**メッシュWiFi**にする。

WiFi機器同士を直接つなげることを**WiFi Direct**という（スマホとプリンタを直接つなげる時などに使う）。

WPS機能（WiFiかんたん接続機能）も定義されている。

4

ネットワークで世界とつながる！

 WiFiの規格と一言でいっても、たくさんの機能があるんだね。

 WiFiは無線LANの規格の一つなの。ほかに、イヤホンやスピーカーの接続に使う**Bluetooth（ブルートゥース）**や電車に乗るときにスマホタッチする**NFC通信**などがあるわ。**BLE（Bluetooth LowEnergy）**の技術を用いたビーコンは、近くの物の位置を特定することもできるの。

攻略ノート

●**その他の無線（電波）通信規格**

・**Bluetooth（ブルートゥース）**：イヤホンやスピーカー、キーボードなどを無線接続する規格。

・**NFC**：近距離通信の規格。タッチ決済などに使用されている。

・**BLE（Bluetooth LowEnergy）**：微電力で電波を発信し近くを通るBluetooth機器と通信する。

 ところで、インターネットに送り出したパケットは、どこを通って相手先のコンピュータに届くのかな？

 実はIPアドレスには、2つの情報が入っていて、IPアドレスを先頭から何桁目で区切る基準の**サブネットマスク**と呼ばれる値があるの。区切られた先頭部分を**ネットワーク部**、後ろの部分を**ホスト部**というわ。

 相手先がカフェ内にいるかどうかは、同じ**ネットワーク部**を持つ**IPアドレス**かどうかで判断できるの。

 カフェ内に相手先がない場合はどうなるの？

 WiFiにつなげたときに**DHCP**からIPアドレスと同時に、実はもう一つ情報をもらっているの。**デフォルトゲートウェイ**という役割を持つ機器の**IPアドレス**よ。カフェ内に相手先がいない場合は、**デフォルトゲートウェイ**が外の世界にパケットを送り出すの。ここのカフェの場合、**デフォルトゲートウェイ**の役割をしているのはWiFiルータよ。カフェ外からカフェ内宛に届いたパケットを受け取る役割もあるのよ。

 WiFiルータって、何でも屋さんなんだね。

 外に向けてパケットを送り出す機器を**ルータ**と呼ぶわ。WiFiルータのルータはここから来ているのよ。カフェのWiFiルータにも、インターネット側のルータがデフォルトゲートウェイとして設定されているわ。WiFiルータに設定されるデフォルトゲートウェイは、大抵は**ISP（インターネットサービスプロバイダ：インターネット接続事業者）**のルータよ。

 そこから先は？

 同じよ。**ISP**のルータにはインターネット側の**ルータ**として他の**ルータ**の**IPアドレス**が**デフォルトゲートウェイ**として設定されているわ。こうして、パケットは次々と**ルータ**上をたらい回しにさせられて、最終的に相手のコンピュータに届いたとき、たらい回しは終わるのよ。

 パケットは世界中をたらいまわしにされるのか……。だから、悪い人に見つかって通過するパケットを覗き見されたりするんだね。

 そうなの。さて、ここまでの復習として演習問題を解いてみましょう！（演習問題については7ページの案内をご確認ください）

まとめ

- IPアドレス・MACアドレスはパケットの送受信に必要な住所
- スマホがWiFiからネットにつながる仕組みを理解しよう

4-3 ネットワーク機器と技術

 会社の中はWiFiではなくてケーブルでネットワークが組まれているよね？有線の場合はどうやってネットにつながるのかな？

 会社の中のネットワークは**LAN（ラン：ローカルエリアネットワーク）**というの。インターネットなどは**WAN（ワン：ワイドエリアネットワーク）**というわ。LANに必要な機器について勉強しましょう。

攻略ノート

●有線の通信

有線のネットワークの規格は**Ethernet（イーサネット）**という。TCP/IPの**ネットワークインターフェイス層**で決められている

・**ハブ (HUB)**：LANケーブルを分岐する装置。多数あるケーブルの挿し口に、どのパソコンがつながっているかをMACアドレスを使って覚えるハブを**スイッチングハブ**と呼ぶ。

・**ルータ**：外部宛のパケットを、送受信する装置。インターネット側の出入口となる。相手先のルータと暗号化通信して、あたかも専用回線であるかのように（バーチャルプライベート）接続する装置を**VPNルータ**と呼ぶ。

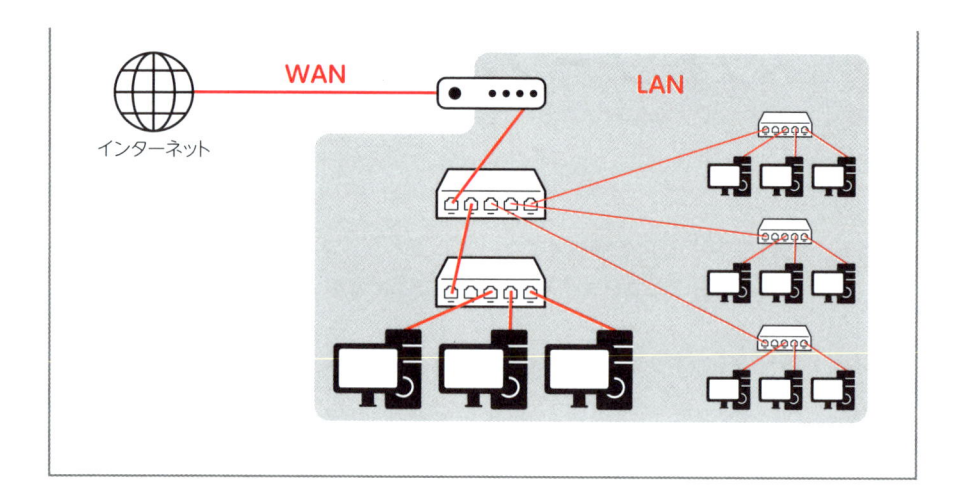

会社の中には複数のパソコンがあるから、配線を分岐させてたくさんのパソコンにネットワークを接続しなければならないの。パソコンの**LANケーブル**をつなげる挿し口を、**LANポート**というのよ。LANポートが付いていないパソコンには、**NIC**（**ネットワークインターフェイスカード**）を追加するわ。

パソコンにケーブルを挿し込むとカチッとなるアレだね！

ケーブルもイーサネット規格で定義されたLANケーブルや**光ファイバー**を使用するのよ。
外部からくるインターネットの線を内部のLANにつなげるのが**ルータ**という機器。WiFiの説明のときにも登場したわ。社内と社外の通信の出入り口の役割をしているのよ。

ルータのファームウェアを更新しないと、サイバー攻撃の入り口になるんだったよね。

ルータからもネットワーク配線を分岐できるけど、パソコンの台数が多い場合は、社内を**ハブ**という機器でケーブルを分岐させるの。**スイッチングハブ**と呼ばれる種類のハブは、接続されているパソコンのMACアドレスを記憶して、送り先以外のパソコンにパケットを届けない制御もするのよ。

電源の延長ケーブルがつないだすべての機器に電気を送るように、つないだすべてのパソコンにパケットを届けてしまうわけではないんだね。

 **プロキシサーバー**といって、企業内のパソコンのインターネットへのパケットのやり取りを一手に引き受けるコンピュータを設置することがあるのよ。これでパケット内容や送信先などの情報制御ができ、セキュリティが向上したりするの。サイトへのアクセスの許可・不許可なども設定できるのよ。例えば、社内からYou Tubeだけが見れない場合は、プロキシサーバーでパケットを情報制限（フィルタリング）している可能性が高いわね。
ちなみに、何かのサービスを提供するためのコンピュータを**サーバー**と呼ぶわ。

 用語がいろいろあるぞ！

 ネットワークの分野は、ネットワーク上の役割の名称がたくさんあるから、仕組みを知りつつ名前を覚える必要があるわね。でも、ネットワークがあるから、私たちも便利にインターネットを利用できるのよ。大切な知識だからこそ、試験に多く出題されるわ。

 おっ、もう帰ったと思ったら、まだ勉強やってたのか。

 あら、鈴木くん。戻ってきたの？

 様子を見にきたんだ。ご苦労様。ネットワークはなかなか難儀する分野だからね。「自分のスマホがなぜインターネットにつながるのか」など身近な例で仕組みを知るといいかもね。

 さっき、そこをやっていたところなんだ！　有線LANの仕組みはわかったぞ。

 ふ〜ん、じゃあ**4G（LTE）**や**5G**はわかるか？　いまじゃ**MVNO**の方が安いから使っている人多いかもね。大手も**プラチナバンド**で転送速度を大幅に向上したから、高速なネットがいいならキャリアかな。**eSIM**になってきたから手軽に契約変更できるしね。

 ？？？

 おやおや、大樹くん、頭の上に「はてな」マークがいっぱいだぞ。佐藤さんも苦労するね。ネットワークの分野は難しいからなぁ。

 もーまだそこまで勉強してないわよ。いまの鈴木くんの話はスマホの通信技術の話よ。押さえておきたい用語もまとめたわ。

攻略ノート

●スマホの通信技術

回線事業者 (docomoやau) が提供してくれる無線を使って通信する。

●通信技術に関する用語

- **4G/5G**：無線通信回線。4Gは「第4世代の通信技術」、5Gは「第5世代の通信技術」。
- **キャリアアグリケーション**：複数の無線電波を束ねて高速にする技術。
- **MIMO（マイモ）**：アンテナを複数持つことによって同時に複数の情報を送受信できる技術。
- **MVNO（エムブイエヌオー）**：仮想移動体通信事業者。回線事業者の回線を何人かで分割して安価に抑えるサービスを提供する。
- **SIM（シム）**：回線事業者やMVNOの回線を利用するときに電話番号が登録されている薄くて小さなICチップ。
- **eSIM**：SIMの内容をダウンロードして使えるようになった技術。
- **MNP**：回線事業者を変更しても電話番号を引き継げること。
- **プラチナバンド**：携帯電話で使われている電波の中でも特に重要な700MHzから900MHzの周波数帯のこと。
- **ローミング**：事業の展開していないエリアの回線事業者間で、お互いの契約者が旅行などで接続しようとしたらつなげられること（日本のdocomoのユーザーは、アメリカではAT&T（通信事業者）がネットにつなげてくれる）。
- **テザリング**：ノートパソコン等をスマホの4G/5Gを通してインターネットにつなげること。

- **ハンドオーバー**：無線が届かなくなりそうな基地局と、無線が届く基地局を自動的に切り替える技術。これにより移動しながらネットをしていても途切れずに利用できる。
- **テレマティクス**：移動体にモバイル通信を利用してサービスを提供すること。例えば、自動車のカーナビをネットにつなげて常に最新の地図が見れるサービスを提供すること
- **回線利用料**：使った分だけの従量制と、使いたい放題の定額制がある。

 さすがは佐藤さん。でも、大樹くんはまだ勉強が足りんようだな。

 くっ……。

 田中くんはこれからどんどん勉強して、ITに強くなるからいいの。鈴木くんも応援してよ。

 そのうちね。じゃあな〜。

 さて、ここまでの復習として演習問題を解いてみましょう！（演習問題については7ページの案内をご確認ください）

まとめ

- ネットワークの設備は社内のハブ・ルータから覚えよう
- スマホの通信技術と関連用語を理解しよう

アプリケーションプロトコル

 これまで色々な通信の仕組みを見てきたけど、実際のアプリにはどのように パケットが届けられているのかな？

 私たちがブラウザでサイトを見ようとするとき、インターネットでのやり取りは「HTTPS」っていう決まりごと（プロトコル）を守って行われているの。インターネットから情報が届くとき、ポートという出入口を通るんだけど、それには番号があって、HTTPSでは443番でやりとりするように決められているのよ。ブラウザ側は「443番のポートにデータ（パケット）が届くはずだ」と待機していて、データが届いたら中身を確認して表示するの。

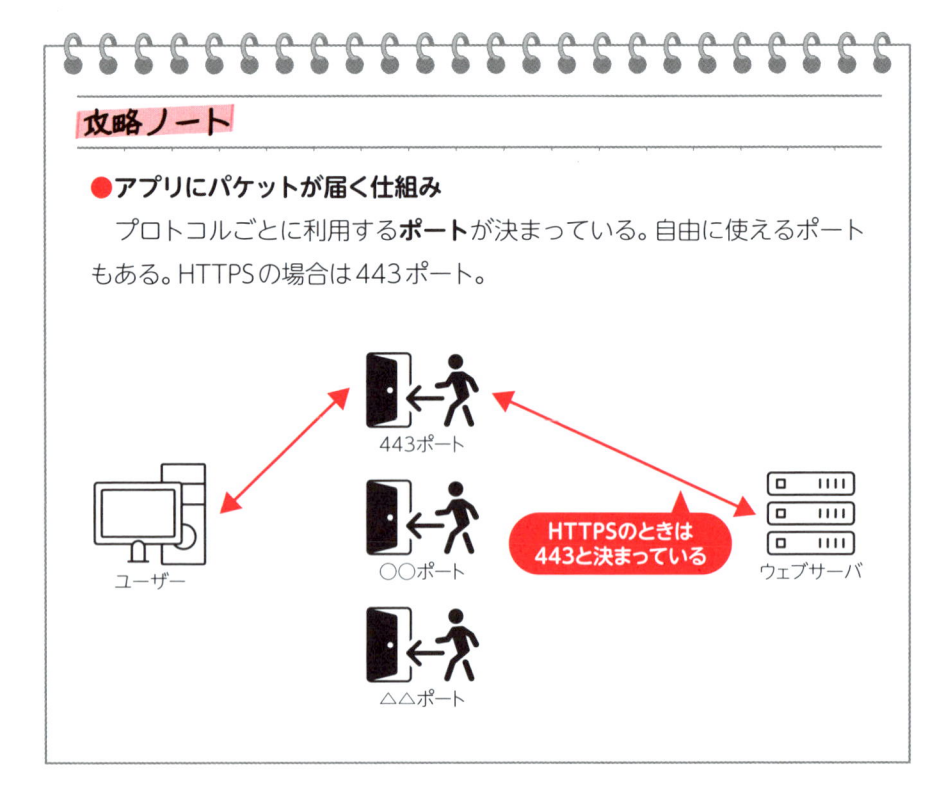

攻略ノート

●アプリにパケットが届く仕組み

　プロトコルごとに利用する**ポート**が決まっている。自由に使えるポートもある。HTTPSの場合は443ポート。

443ポート

○○ポート

△△ポート

ユーザー

HTTPSのときは 443と決まっている

ウェブサーバ

 目的ごとにプロトコルがあって、パケットを受け取るポートが決まっているってこと？

 ある程度はきまっているわ。メール送信は **SMTP** プロトコルで25番ポート、メール受信は **POP3** プロトコルで110番、メールボックスに入っている手紙を見るだけなら **IMAP** プロトコルで143番などね。

攻略ノート

●様々なアプリごとのプロトコル

- **HTTP**：サイトの閲覧
- **HTTPS (HTTP over TLS)**：暗号化されたサイトの閲覧
- **SMTP**：メール送信
- **POP3**：メール受信
- **IMAP**：メール閲覧
- **FTP**：ファイル転送
- **NTP (Network Time Protocol)**：時刻合わせ

例えばHTTPプロトコルでは、「GETのあとにURLを付けた情報をパケットに入れて送信すると、そのURLを構成している情報を返答する」などのルールが決まっている。

 待って。どんなプロトコルでもインターネットだからパケットでやり取りするんだよね。相手先のIPアドレスを指定しないと届かないんだよね。そんな操作、した覚えないけど……。

 例えばURLで「https://www.xxyyzz.co.jp」を、ブラウザに指定したとするわね。これを **DNS** というサービスがIPアドレスに変換してくれているの。URLの先頭の最初の一区切り「www.xxyyzz.co.jp」のIPアドレスはこれですよ！　って感じね。

そんな仕掛けもあったのか……。そういえば、パケットは世界中でやりとりされるけど、一つくらいなくなったりしないの？

1回でたくさんのパケットをやり取りする場合、1つなくしてしまったら、大変！　元の情報に組み立てられなくなるわ。でも、TCP/IPプロトコルのトランスポート層で、**TCP（トランスミッションコントロールプロトコル）**というプロトコルが、キチンと全部届くことを保証してくれているのよ。

ただ、音声通話アプリなど、一部のパケットが欠けても、一瞬音声が途切れるけど、通話を続けるような場合は**UDP（ユーザデータグラムプロトコル）**という、届いた分だけの情報を利用するのでOKなルールも選べるの。IP電話は**VoIP**プロトコルでUDPを使っているわね。

さて、ここまでの復習として演習問題を解いてみましょう！（演習問題については7ページの案内をご確認ください）

まとめ

- プロトコルはインターネットのやりとりをするときの決まり
- 主なプロトコルの種類と役割の違いを押さえておこう

4-5 電子メール

 ここからはネットワークを使った技術について説明するわ。まずは、**電子メール**よ。

 電子メールかぁ。最近はビジネスチャットツールを使うことも多くなったけど、やっぱりメールは基本のツールだよね。

 電子メールで本物の相手から届いているかなどデジタル署名の話は、「3-4 暗号化」で触れたわね。今回はメールそのものについて詳しく勉強しましょう。まずは、メールアドレスについて見ていくわね。メールアドレスには、必ず@（アットマーク）が付いているでしょ。あの@（アットマーク）より後ろの部分を**ドメイン名**といって、ドメイン名に書かれているところにメールが届くという仕組みなの。もちろん**ドメイン名**も**DNS**というドメイン名とIPアドレスを紐づけるシステムで**IPアドレスへ変換**しているのよ。

攻略ノート

●電子メールアドレス

「○○○○○○@**xxxyyyzzz.co.jp**」というアドレスの場合、@（アットマーク）より後ろを**ドメイン名**という。ドメイン名の指すメールサーバのIPアドレスをDNSに問い合わせてから、メールを送信する。

 補足だけど、DNSにドメイン名からIPアドレスに変換してもらう処理のとき、DNSに詐欺のコンピュータのIPアドレスを覚えさせて勝手にそちらに誘導するサイバー攻撃（**DNSキャッシュポイズニング**）もあるから覚えておいてね。

ええっ、怖いな。URLやメールの送り先IPアドレスが偽物になるなんて、防ぎようがないよ！

**サーバーのデジタル証明書**などで、本物のサーバーであることを証明するくらいしか、対処できないわね。
メールの話にもどすけど、**メーリングリスト**といって、1つのメールアドレスに送信すると、そのメールアドレスに関連づけられている多くのメールアドレスに転送するサービスもあるのよ。一回のメールで、多くの人と情報共有できるのがメリットなの。

攻略ノート

●メーリングリスト

　一通のメールをメーリングリスト用メールアドレスに送信すると、リストに登録されている全員にメールを配信する仕組み。

もちろん、メールが誰に届いたかのメーリングリストの一覧は誰にも知られることはないわ。

大勢の人に、一度で送れるのは便利だね。だけど、間違って送ってしまったら大変なことになるから気を付けないとね。

**TOには相手先**のメールアドレス、**CCには同じメールのコピーを送る相手**のメールアドレスを記入するのよ。TOやCCの相手は「このメールが誰がTOで、誰がCCに指定されたか」がわかるのよ。
あと、意外と知られていないのが、メールの宛先にできる**BCC**。TO・CCの人にはだれがBCCに指定されているか、わからないようになっているわ。

攻略ノート

●メールの宛先の違い

・**To**：メールの送信先のメアドを指定する（複数も可）。

・**CC**：カーボンコピー（紙に手書きで書くと、2枚目に複写になるアレ）の略。同じメールのコピーを送るメアドを指定する（複数も可）。

・**BCC**：ブラインドカーボンコピー（ブラインドは「目隠し」の意味）の略。ToやCCの人には見えないメールの送り先（複数も可）。

メーリングリストを作るまでもなく1回だけ、たくさんの人に同時に同じメールを送るときは**BCC**は便利ね。それぞれの人はお互いを知らないから、お互いメールアドレスは知られたくない。そんなときは、Toに自分のメールアドレスを指定して、BCCに大勢のメールアドレスを書いてメールするといいわ。

大勢のメアドをCCに書いたせいで、大勢が大勢のメアドを知ってしまって「個人情報漏えい」になったっていうニュースも聞いたことあるぞ。注意しないとな。

あと、便利な機能として、一人でいくつものメアドを持っている場合、いくつもの受信BOXを確認しないといけないでしょ。そういうとき、**メール転送サービス**を使うと、1つの受信BOXに入れられるわ。

それは便利だね！

メールの本文にも形式があって、シンプルなテキスト形式と、綺麗に装飾できる**HTML形式**があるの。**HTML形式**はホームページと同じ形式で、文字を飾ったりサイトへのリンクを貼ったりできるのよ。でも、HTMLの中にスクリプトというプログラムも埋め込めるから、セキュリティのために「HTML形式のメールは開かない」という人もいるの。気楽に使うのは考えたほうがいいわね。

4

ネットワークで世界とつながる！

攻略ノート

●**メール本文の形式**

・**テキスト形式**：文字だけのシンプルな形式。ビジネスなどで使われやすい。

・**HTML形式**：綺麗に装飾ができる形式。ホームページを作るときに使われるものと同じ。ただし、スクリプトを埋められるので受信者に嫌われる可能性あり。

 さて、ここまでの復習として演習問題を解いてみましょう！（演習問題については7ページの案内をご確認ください）

まとめ

・ TO、CC、BCCの違いを押さえておこう
・ 電子メールの便利機能やメーリングリストの仕組みも覚えよう

4-6 IoT（モノのインターネット）

 ネットワークの締めくくり、**IoT**よ。IoTは、「物（モノ）」がインターネットにつながるという考え方よ。

 へえ、それって具体的にどんなモノがつながるの？

 普通、インターネットにつながるのはパソコンやスマホをイメージすると思うけど、**IoT**では、これ以外にも家電、車、センサー、カメラなど、あらゆる「モノ」がインターネットにつながって情報をやり取りするの。スマホで電気をつけたり消したり、外出先から鍵をロックできたりね。ちなみに、電気信号の命令を「鍵を回す」などの動作に変える部品は**アクチュエーター**と呼ぶのよ。

 便利だけど、どうしてそんなことができるの？

 色々なものを色々な方法でインターネットに接続できるようになったからよ。

攻略ノート

●IoTの世界が来る

IoTとは、**Internet of Things**の略でモノがインターネットにつながること。**IPv6**でほぼ無限のIPアドレスを付けられるようになり、すべてのモノがネットにつながりだした。

●どうやってモノがネットにつながるのか？

・**WiFi**：モノ自体がWiFiにつながり、そこからネットにつながる。例えば、WiFi機能の付いた電子レンジや冷蔵庫など。

- **4G/5G**：モノが回線事業者のモバイル通信につながる。例えば、車のナビゲーションシステムなど。
- **Bluetooth** や **BLE** (Bluetooth Low Energy)：近くのBluetoothサーバーと通信する。そのBluetoothサーバーがネットにつながっていて情報を中継する。様々なセンサーの数値をリアルタイムに収集する。
- **LPWA** (Low Power Wide Area)：省電力かつ長距離 (数十km) での無線通信が可能。速度は遅い。電気や都市ガスのメーターに利用され、検針に行かなくても使用量がわかる。
- **PLC** (Power Line Communications)：電気の送電線を情報のネットワークケーブルに兼用するという技術。コンセントにさすだけでネットワークにつながる。

WiFiや **4G/5G** を付けられる機器がネットにつながるのは、なんとなくわかるでしょ。それ以外だと、Bluetoothでつなげられる機器が、近くの **Bluetooth** を受信するコンピュータに情報を送り、そのコンピュータがネットに情報を中継するってこともあるの。あとは、最新技術では **LPWA** といって、通信速度は極めて遅いけど数十Km先まで電波を小さな電力だけで飛ばせる技術もあるの。また、**PLC** といって、電源のコンセントの電線をネットの線に兼用する技術もあるのよ。

そんなに手段があるんだね。でも、それらの情報を発信するモノは、電力が必要だよね。バッテリーを搭載しているのかな？

BLEやLPWAなどは、ボタン電池一つで、半年から一年は電源が不要になるわ。超省電力なのよ！　また、**PoE** といって、LANケーブルの中に電気を通して、電源要らずにする技術もあるの。**PLC** はもともと電気のコンセントを利用するから問題ないでしょ。
あと、Bluetoothなどの短距離 (数十m) しか届かない電波のモノは、同じ機器同士連携して、情報を橋渡しする **マルチホップ** という機能があるの。遠い機器で発生した情報を、伝言ゲームのように機器同士リレーして届けてくれるのよ。

でも、ここまで勉強してわかったけど「便利なものは、攻撃されやすい」よね。例えば、自動車の自動運転にハッカーが入り込んで、わざと事故らせてしまうなんてことにもならないの？

そのための「セキュリティ」技術よ。IoTが世界に浸透してくると、暗号化とかファームウェアの自動ダウンロードだとかが、もっと重要になるわね。

IoTが進めば、家主が半径数km以内に帰ってきたら勝手にエアコンをつけてお風呂を沸かしてくれるっていう未来が来そうだね！

そうね、そういうのを**スマートハウス**っていうのよ。これからもっと増えそうね！
さて、ここまでの復習として演習問題を解いてみましょう！（演習問題については7ページの案内をご確認ください）

4

ネットワークで世界とつながる！

まとめ

- 様々なモノがネットにつながるのがIoT
- モノがどうつながるか仕組みを理解しよう

MEMO

第5話

基礎理論でITの世界をのぞいてみよう

第5話で学ぶのはこんなこと！

コンピュータが扱う情報として、2進数があります。また、表現を変化させた16進数もITの世界ではよく使います。それらを理解して、コンピュータの中の世界を少しだけ覗いてみましょう。様々な単位が登場しますが、混乱しないよう、1つひとつ学びましょう。

また、AIに関する技術も登場します。専門用語が多いですが、ゆっくり覚えていきましょう。

POINT 1　計算は意外と難しくない

ITパスポートで登場する計算は四則演算で対応できます。数学などで勉強した、難しい解法は必要ありません。

POINT 2　単位はひたすら覚えるのみ

大きな単位や小さな単位は、計算慣れが必要です。桁数を間違えなければ、難しいことではありません。

POINT 3　AI技術は用語を覚えることから始める

まずは、無理に理解しようとせず用語の暗記をして、AIの世界の「入口」の部分に触れてみましょう。

コンピュータで扱う情報

 これまでセキュリティやネットワークを勉強してきたけれど、コンピュータが そもそもどう動くかという原理や仕組みも試験に出るから、勉強しましょう。

 コンピュータって、相当複雑なんだろうなぁ……。

 いいえ、実はそうでもないの。私たちは普段0～9の10種類の数字、つまり 10進数を扱っているけど、コンピュータは0と1の2種類の数字しかない2 進数を扱うのよ。

 0と1だけ？

攻略ノート

●10進数と2進数

・10進数……0、1、2、3、4、5、6、7、8、9と増えていき、次は桁上がり して10になる。次は11、12、…と繰り返す。

・2進数　……0、1の次は桁上がりして10、11の次は100、101、110、 111と繰り返す。

10 進数	2進数	
0	0	
1	1	
2	10	←桁上がりする
3	11	
4	100	←桁上がりする
5	101	
6	110	

 10進数は10種類の数でできていて、1桁目で表現しきれなくなると2桁目が登場する。2進数は2種類の数でできていて、桁上がりルールは同じってことだね。普段は10進数で生活している僕たちにしたら、2進数は扱いづらいよね。

 そうね。でも、どうしてもコンピュータの勉強をするとなると、コンピュータの中で扱われている数値を意識しなくちゃいけないのよ。10進数から2進数への変換方法は簡単だから覚えておきましょう。

攻略ノート

●10進数から2進数への変換方法

　2進数の桁の重みを10進数の箱で表す。一番小さい箱を1として、倍、倍、倍と増やしていくと2進数の重みとなる。

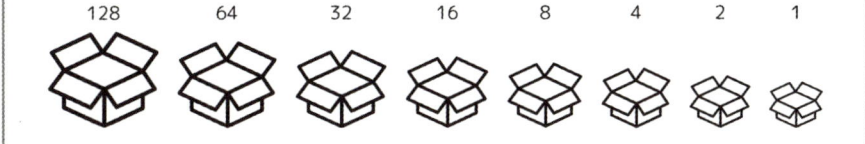

| 128 | 64 | 32 | 16 | 8 | 4 | 2 | 1 |

●10進数の「50」を2進数にする

①箱を用意する

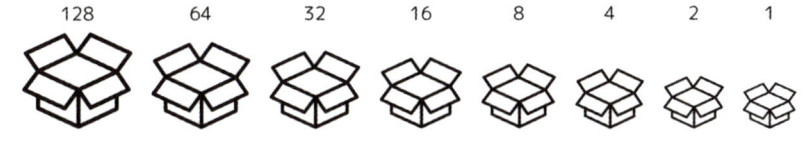

| 128 | 64 | 32 | 16 | 8 | 4 | 2 | 1 |

 まず、1から始まる箱をイメージして！　次の箱は2倍の大きさ、次の箱も、その2倍の大きさ……と倍倍で大きくなるの。この箱が2進数と10進数を変換する鍵よ！

②箱が満杯になるように数値の大きい方から「50」を分けて入れていく

128の箱	50を入れるには大きすぎ！	満杯にならない
64の箱	50を入れるには大きすぎ！	満杯にならない
32の箱	50のうち、32を入れて満杯にする！	残りは18

| 128 | 64 | 32 | 16 | 8 | 4 | 2 | 1 |

次に、大きい箱の方から、2進数で表現したい10進数の数を満杯になるように入れていくのよ。例えばノートでは10進数の50を2進数に変換しようとしているの。上から順にみていて、32の箱は50あるから満杯になるでしょ。残りは18で……。

16の箱　18あるから満杯にする。　残りは2

| 128 | 64 | 32 | 16 | 8 | 4 | 2 | 1 |

8の箱	2を入れるには大きすぎ！	満杯にならない
4の箱	2を入れるには大きすぎ！	満杯にならない
2の箱	2あるから満杯にする。	

1の箱　入れる物がない。

③満杯になった箱を1、空っぽの箱を0にする

10進数の50は、2進数では「00110010」と表す

 同じように小さい箱の方へ向かって、どんどん入れていき、全部入れるの。そうして、入った箱を1、空っぽの箱を0とすると2進数の出来上がりよ！

 つまり、10進数の50は、2進数では00110010ってことだね。

 そう！　10進数でも先頭に0をつけて50を050と表現しても同じ数値だよね。数値の00050も50と同じ。2進数も先頭の0は省略して「110010」と表現しても同じよ。桁数を指定されたら先頭に0を付けるといいけど、そうでないなら、先頭の0は省略してもいいわね。

 変換の仕方はわかったよ。でも50を2進数で表現すると110010と桁数が多くなるね。

 2進数の1桁をコンピュータの世界では1bitというの。田中くんが表現した2進数は6ビットとなるわね。2進数だとbit数を8で区切って表現することが多いの。8bitをひとまとめにして1Byteと呼ぶわ。**8bitは1Byte**。これは重要よ！　ついつい間違って3Byteは30bitとしちゃいたくなるけど、本当は3Byteは8×3で24bitだから気を付けて！

 そういうことか。よくネットの通信速度はbitで表現されるけど、スマホの中の残り容量とかはByteで表現されているよね。なんだろうって思ってたよ。

 2進数の他にも、16進数や8進数もあるわ。特に16進数は試験にも登場するから覚えておきましょう。2進数を求めてしまえばあとは簡単よ。

攻略ノート

●2進数から16進数へ

16進数とは、0123456789ABCDEFの16種類で表す。Fの次は桁上がりして10になる。

①10進数→16進数変換は、**まず2進数にする**（10進数で60を例に）。

②**下の桁から4つずつ区切る**

| 0 | 0 | 1 | 1 | 1 | 1 | 0 | 0 |

③4つの中で2進数の重みをつける。

8	4	2	1	8	4	2	1
0	0	1	1	1	1	0	0

④**4桁ずつをまずは10進数**にすると

左の4桁は1+2で3、右の4桁は8+4で12。

⑤**9より大きくなった数値は16進数の表記**にする。

左の3はそのまま、右の12は変換する。10がAで、11がBで、12がC。

⑥10進数の60は、16進数で3Cとなる。

2進数を下の桁から4つずつ区切って表現するのよ。9より大きい数は10はA、11はB、というようにA〜Fで表現するの。

「4-2 インターネットの仕組み」で**IPv6**や**MACアドレス**について「16進数って数値で表現する」て書いてあったけど、これだったのか！

そう！　ネットワークで勉強した**IPアドレス**も本当は2進数で扱うんだけど、人間が見てわかりやすいように10進数に直して表現しているのよ。例えば、192.168.0.1というアドレスは、2進数に直すと、「11000000.10101000.00000000.00000001」となるわ。人間にはわかりづらいわよね。

確かにややこしいな。

また、セキュリティで勉強した**ハッシュ値**も128bitだから、2進数のまま表現すると128桁の0と1が並ぶのよ。だから4ビットずつ区切って、16進数の表示にするのよ。そうすると32桁になるわ。MD5のハッシュ値は128bitだと、「d4bfd1edaa4786e56e6306051a310693」。この長さね。

これなら、送られてきたハッシュ値と自分で求めたハッシュ値を比べて、メールが改ざんされていないか確認できるね。

まあ、比べるのはコンピュータがやってくれるから問題ないけどね……。
あと、色の表現でも16進数を使うのよ。RGB（R：レッド　G：グリーン　B：ブルー）で表現するとき、例えば赤は、FF0000、緑は00FF00、青は0000FFのように16進数で2桁づつ区切って先頭から、赤、緑、青の強さを表すことが多いの。赤と緑を合わせたFFFF00は黄色よ。99FF00とすると赤が弱くなるから緑色寄りの黄色、つまり黄緑色になるわ。
16進数で6桁だから、2進数だと24桁。つまり、16,777,216通りの色が表現可能ってことになるわね。すごい数よね。

なるほど！　だから、写真も綺麗に表示されるんだね。

そうなのよ。写真はピクセルという小さな点の色が集まって表現されているけど、たとえば1000×1000ピクセルの写真だと、合計1,000,000ピクセルで、1ピクセルあたり24ビット必要だから24,000,000ビットが表現するのに必要なのよ。

攻略ノート

●いろいろなところで使われている2進数や16進数

ネットワークの世界ではこんなところで使われている。

・**IPアドレス**：人間でもわかるようにしているけれど、ホントは2進数表記が正解。

・**サブネットマスク**：IPアドレス同様、ホントは2進数表記が正解。

IPアドレス「192.168.0.1」は、11000000. 10101000. 00000000. 00000001

サブネットマスク「255.255.255.0」は、11111111. 11111111. 11111111. 00000000

→IPアドレスのネットワーク部、サブネットマスクが1のところまで。先頭から3ブロックの11000000. 10101000. 00000000.**00000000（切り落としてしまう最後の8桁は0で補う）**がネットワーク部、残りの一ブロックの00000001がホスト部となる。

・**MACアドレス**：8C-B8-7E-81-63-5Cは16進数だった。

・**IPv6アドレス**：2600：1417：43：28f：：356eも16進数だった。

・**色（RGB）**：16進数6桁で表現。R（レッド）は先頭の2桁、G（グリーン）は真ん中の2桁、B（ブルー）は最後の2桁で表現。真っ赤はFF0000、真みどりは00FF00、真っ青は0000FFとなる。赤と緑が混ざるFFFF00は黄色となる。

 コンピュータの世界では、文字にも番号を割り当てて管理しているのよ。それを**文字コード**と呼ぶわ。

 日本語と英語では、文字の種類の数が全然違うけど、全部コード化しているの？

そうよ。最初はパソコンで日本語は使えなかったのよ。**JISコード**といって英数字と記号を7bitで一文字を管理していたの。アメリカのコードの**ASCII**コードと同じだったのよ。そこから、**シフトJIS**コードという16bitで表現するようになり、漢字が使えるようになったわ。

ところが、グローバル化で全世界の文字を扱う必要がでてきて、**Unicode**というコードが出てきたのよ。

さて、ここまでの復習として演習問題を解いてみましょう！（演習問題については7ページの案内をご確認ください）

まとめ

- 10進数から2進数の変換は箱でイメージする
- 文字コードの種類を押さえておこう

5

基礎理論でITの世界をのぞいてみよう

 色の表現は16進数で6桁だったわよね。2進数では何桁になると思う？

 2進数を4桁ずつ区切って16進数にするから……24桁だ。

 正解！ 24桁、つまり24bitで1色を表現するのよ。8bitで1Byteだから、3Byteね！ 色を付けた小さな点を**ドット**とか**ピクセル**っていうのだけれど、100×100ピクセルの写真を表現するのに何ピクセル必要かな？

 100が100個だから10,000ピクセルだ！

 10,000ピクセルを表現するのには何Byte必要？

 1ピクセルで3Byteだから30,000Byteだね。

 スマホで写真を撮ると、大体1170x2532ピクセルの写真が撮影できるけど、これって何Byteかな？

 （計算機アプリを使って）1170×2532＝296万2,440ピクセルで、さらに3倍するから、888万7,320Byteになるね。

 写真一枚を撮影すると、それだけスマホの中の記憶場所の容量を使うけど、桁数が多くて正直よくわからないわよね。

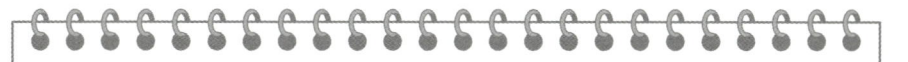

攻略ノート

●いろいろな単位

- **1bit**：0と1の一桁（略して小文字のbと書くことが多い）。
- **1Byte**：8bitで1Byte（略して大文字のBと書くことが多い）。
- **K（キロ）**：1000をまとめた単位。1000B（バイト）は1KBと同じ。
- **M（メガ）**：1000Kをまとめた単位。1000KBは1MB。
- **G（ギガ）**：1000Mをまとめた単位。1000MBは1GB。
- **T（テラ）**：1000Gをまとめた単位。1000GBは1TB。
- **P（ペタ）**：1000Tをまとめた単位。1000TBは1PB。

5
基礎理論でITの世界をのぞいてみよう

そこで単位を変換をするのよ。まずはキロバイトに簡易版で変換してみましょう。888万7,320Byteは小数点以下を四捨五入（0.4以下は切り捨て、0.5以上は切り上げ）て考えると、8887KBよね。さらに単位を切り上げてM（メガ）を使うと8.8MBとなり、四捨五入すると約9MB（メガバイト）となるの。例えば、スマホの空き容量が5GB空いているとすると、空いているのは5000MBだから、9MBの写真がたくさん入るから安心して、写真を撮影できるわね。

単位を揃えるとわかりやすいね。僕のスマホはあと、2.3GB空いているから、まだ、大丈夫だな。でも、余計ないらない写真は消しておこう。

おっ！　お二人さん。今日も勉強会かと思いきや、写真をみて想い出話で盛り上がっているのかい？　やれやれ、これじゃ、何年かかっても合格できそうもないね。

単位の勉強のために、1枚の写真の容量とスマホの空き容量を比べていただけよ！　鈴木くんこそどうしたの？

俺も基本情報処理試験の勉強ってところかな。大樹の声が聞こえたから、ちょっと顔出しに来ただけさ。

単位の問題ってケアレスミスもしやすいんだよなぁ。「1秒間で40**Mbit**送れるネットのスピードだと、100**MByte**のファイルは何秒で送れるか」みたいな問題で**Byte**を**bit**に直し忘れて計算すること、よくあるから気を付けるポイントだ。

bitとByteを混ぜてくるひっかけ問題はよく出るわ。気を付けないとね。

意地の悪い問題だなぁ。

単位の勉強には伝送速度 (送信の速度) はちょうどいい練習ね。一秒間で送れるビット数が20の場合は、20**bit/sec**と書くの。スラッシュの後ろが1秒毎を表しているわ。1を省略して書いているのね。そして、前がビットを表すの。/ (スラッシュ) はper (パー) と呼ぶから、20**bps**と書くこともできるわ。

余談だけど、ネットは送りたい情報以外にも、「もしもし」「はいはい」みたいに応答するための情報も送ってるから、送れる量の100%をすべて情報伝送には使えないのよ。だから、その分を考慮して計算してね。

そうそう、この手のbitとByte、K (キロ) やM (メガ) の単位を組み合わせる問題、見かけたら要注意だったなぁ。ま、俺は間違えることはなかったけどな。じゃあね〜！

健太のヤツ、ちょいちょい現れるな。

いいじゃない。今回も「要注意」ポイント、教えてくれたんだし。なんだかんだ言いながら、大樹くんのこと、応援したいのよ。

さて、大きくなる単位は勉強したから、小さい単位も勉強しましょう。コンピュータの計算は高速だけど、この速さを表現するとき0.00000000001秒と言われても読みづらいし、計算もしづらいわよね。

そうだね。ゼロが何個あるか間違っちゃいそうだ。

小さい数の単位はこんな感じよ。小さい数を扱う問題は、単位を混乱しやすいように出題されることがあるから、落ち着いて計算してね。

攻略ノート

- **ミリ (m)** ……1の1000分の1。0.001秒は1ミリ秒。
- **マイクロ (μ)** ……1ミリの1000分の1。0.000 001秒は1マイクロ秒。
- **ナノ (n)** ……1マイクロの1000分の1。0.000 000 001秒は1ナノ秒。
- **ピコ (p)** ……1ナノの1000分の1。0.000 000 000 001秒は1ピコ秒。

※0が3つずつ増えていく。

さて、ここまでの復習として演習問題を解いてみましょう！（演習問題については7ページの案内をご確認ください）

5

まとめ

- まずは大きい単位とその変換方法を覚えよう
- 違う単位を組み合わせた引っかけ問題に注意！

コンピュータはね、四則演算だけではなく、論理演算という計算も行うのよ。

論理演算ってなんだ？

色々な条件を判断するときに使うのが論理演算。**AND・OR・NOT**が基本よ。

攻略ノート

●論理演算

色々な条件を判断する

・AND（論理積）

<u>右辺と左辺の両方が真（正しい）の場合のみ、全体が真（正しい）</u>となる。

例：「18歳以下で学生証をお持ちの方」

年齢 <= 18 AND 学生証 ＝ 持ってる

ANDの左辺と右辺が真でないと、条件式が真にならない。

・OR（論理和）

<u>右辺と左辺に真（正しい）があれば、全体が真（正しい）</u>となる。

例：「18歳未満　または　65歳以上の方」

年齢 < 18 OR 年齢 >= 65

ORの左辺と右辺のどちらかまたは両方が真の場合、条件式は真になる。

・NOT (否定) ……真は偽 (間違い)、偽は真に反転する。

NOTに続く条件の結果の真偽逆転させる。

例：「18歳未満ではない」

NOT 年齢 ＜ 18

▼不等号の覚え方

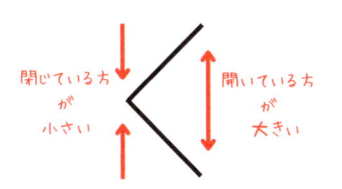
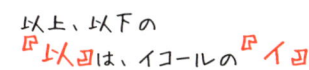

コンピュータはこうやって、色々な判断をしているんだね。

そうよ！ 論理演算は、2進数のbitにも適用することがあるのよ。1を真として、0を偽として扱うの。

攻略ノート

●ビット演算と論理演算

・1を真、0を偽として計算する。

①AND

AND			出力
0	0	→	0
0	1	→	0
1	0	→	0
1	1	→	1

②OR

OR			出力
0	0	→	0
0	1	→	1
1	0	→	1
1	1	→	1

③NOT

NOT		出力
0	→	1
1	→	0

④XOR

XOR			出力
0	0	→	0
0	1	→	1
1	0	→	1
1	1	→	0

- ・ANDの場合は1 AND 1の場合だけ1になる。
- ・ORの場合は両辺のどこかに1が入っていたら1になる。
- ・NOTは反転する。
- ・**XOR（排他的論理和）**は両辺が異なる場合だけ1になる。

 新しく**XOR**（排他的論理和）が出てきたけど、何に使うのかな。

 そうねぇ……。例えば、AさんとBさんのいずれか一人に仕事をしてほしいとき。どちらも休んじゃうと仕事が進まないけど、両方が出勤しても人件費がかかっちゃう。どちらか一人だけでいいというときのチェックとかに使えるわね。あと、暗号化やデータ比較などにも使われているのよ。
「条件を組み立てる」のは、データベースを勉強するときに、たくさんの情報から条件にあっているモノだけを抽出するなどのときに登場するから、しっかり覚えておいてね。
さて、ここまでの復習として演習問題を解いてみましょう！（演習問題については7ページの案内をご確認ください）

まとめ

- ・以上・以下、未満、より大きい・小さいの表現を覚える
- ・ビットの論理演算を押さえておこう

5-4

応用数学

　コンピュータはたくさんの処理を高速にできるけれど、その性能を使って処理するデータをどのように分析するかというのもITパスポートの試験範囲なの。それが、確率と統計よ。

　うわぁー、すごく苦手な分野だ……。やめようよ……。

　やめるわけにはいかないわよ！　確率といっても、そんなに難しい問題は出題されないわよ。

攻略ノート

●確率

　何通りの選択があるか？　その中の当たりは何個あるか？　100人（または回）やったらどうなるか？　を理解する。

　　例：6つの目をもつサイコロを3回投げたとき、1回も1の目が出ない確率はいくらか？

　　　　→100人中何人が3回投げても1の目を出さないか？　を考えるとよい（小数点以下3桁まで求めて四捨五入して小数2桁にするくらいでよい）

　数学が苦手な人は、「100人に何人が」とか「100回の内、何回が」というように考えるといいわ。

攻略ノート

● **100人がサイコロを投げたら……**

・**1回目**

　1の目が出たら即退場。**6回のうち5回は1の目が出ないので**、100人のうち、6分の1の人は退場、6分の5人は2回戦へ進出となる。

　つまり100を6で分割して、1つのグループはOUT！　ほかのグループはOK！

　100÷6=16.66人　16.66人はNGで、**83.34人が次ステージへ。**

・**2回目**

　83.34人が挑戦できる。このうち6分の1は退場。

　つまり、83.34÷6=13.89人が即退場し、**69.45人が第3回戦へ！**

・**3回目**

　69.45人のうち6分の1が退場。残りが生き残りとなる。

　69.45÷6=11.58人が退場。生き残りは、57.87人！

　正解は、約57.87％。

　本番では、紙に書いて計算するの。割り算の方法とか忘れやすいから、一度、練習問題でも実際に紙に書きながら計算してみるといいわ。

　勝手に難しいと思ってたけど、これならできそうだな。

　ちなみにこの問題の選択肢はこんな感じで分数になっているの。久しぶりだと戸惑いやすいけど、あわてず回答しよう！

攻略ノート

ア $\dfrac{1}{216}$　イ $\dfrac{5}{72}$　ウ $\dfrac{91}{216}$　エ $\dfrac{125}{216}$

→50%以上ということは分母の数の半分より分子の数が多いはずなので、「エ」しかない。

正解はエとなる。

分数で似ているものばかりがあるときは、分子÷分母を計算して出てきた数の小数点以下の上位2桁が％となる。

例：125÷216＝0.5780・・・100をかければ％になるので、57％となる。

 分数なんて忘れてたから、このやり方で解くよ。

 あと、「何通りあるか」問題は、その中の1つをピックアップして何通りかを考えてから、何個あるかで掛け算するといいわ。次の例題もやってみましょう！

攻略ノート

3人の候補者の中から兼任も許す方法で委員長と書記を1名ずつ選ぶ場合、3人の中から委員長1名の選び方が3通りで、3人の中から書記1名の選び方が3通りであるので、委員長と書記の選び方は全部で9通りある。

[例題]

5人の候補者の中から兼任も許す方法で委員長と書記を1名ずつ選ぶ場合、選び方は何通りあるか。

ア 5	イ 10	ウ 20	エ 25

「何通りあるか？」の問題は、1つをピックアップして考えるとよい。

まずは一人をピックアップして考える。

Aさんが委員長で、Aさんが書記でもある。

Aさんが委員長、Aさん以外の4人 (Bさん・Cさん・Dさん・Eさん) が書記。**Aさん基準で考えたら5通り。**

Bさんの場合も考えてみよう。

Bさんが委員長で、Bさんが書記。

Bさんが委員長、Bさん以外の4人 (Aさん、Cさん、Dさん、Eさん) が書記。Bさんのときも5通りだ。

→そんな人が5人いるから**5×5**で25通りとなる。

統計学からも少し出題される可能性があるわ。言葉の意味は覚えておきましょう。あと、正規分布も押さえておきましょう。

攻略ノート

●統計

・平均値

すべての合計値を、合計した数値の個数で割ると出てくる値。

例：3,4,8,7,3の場合、合計が25で数値が5個なので平均値は5。

・中央値

すべての数値を順に並び替えて真ん中にくる数。

例：3,4,8,7,3の場合、3,3,4,7,8と並び替えると、中心に来るのは4。

・最頻値 (さいひんち)

すべての数値の中で、最も多く登場する数。

例：3,4,8,7,3の場合、3が2個出現、3以外の各数値は1個だけ出現しているので、最頻値は3。

攻略ノート

●「正規分布」と分散、標準偏差

・正規分布

平均値、最頻値、中央値が一致し、それを軸として左右対称なグラフで、たくさんのデータのばらつきを表しています。

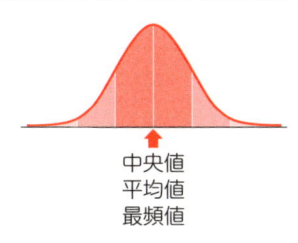

中央値
平均値
最頻値

・釣鐘型・山型の分布

「平均値-標準偏差から平均値＋標準偏差」の中に、全体の68%が入る。もっと広く、「平均値-2倍の標準偏差から平均値＋2倍の標準偏差」とすると全体の95%が入る。

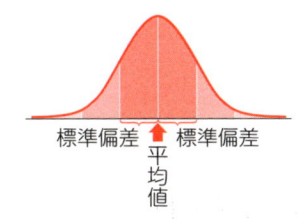

標準偏差　標準偏差
平均値

標準偏差の値が小さいほど、ギュッとまん中に集まっていることになる。

例えば、国語の平均値が75点で標準偏差が3だと、72〜78点が、全体の68%、69〜81点の人が全体の95%になる。

これくらいの内容を覚えておけばいいってことだね。

そう！　あと、「偏差値」というけど、それは正規分布のとき、正規分布のどの位置にいるかってことなの。標準偏差を2倍したところよりも左右の端寄りだと、偏差値は極端に高いか低いってことになるわね。統計は勉強しだすと、深みにはまりそうだから、「軽く知っている」程度でいいわ。
さて、ここまでの復習として演習問題を解いてみましょう！（演習問題については7ページの案内をご確認ください）

まとめ

・確率は「100回やったら何回成功するか」と単純にして考えよう

・統計は重要用語の意味だけ押さえよう

人工知能（AI）

 基礎理論の分野には、いま話題の「人工知能（AI）」も含まれているのよ。

 うわぁー、最先端だなぁ。でも難しそうだぁ……。

 そうね。ある程度暗記が必要だけど、新しいことは試験に出やすいわ。用語をキッチリ押さえていきましょう。

攻略ノート

●人工知能（AI）

　人工知能（AI）とは、人間のようにコンピュータが考える技術。AIの初期は「**ルールベース**」だった。例えば、30℃を超えるとエアコンをONにするなどのルール通りの動きをすること。

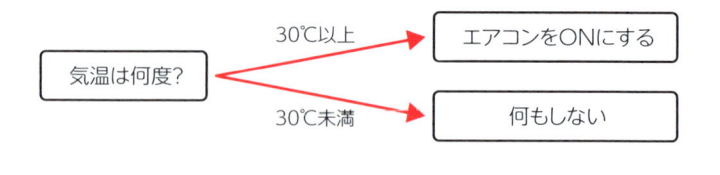

 初期の頃のAIは、**ルールベース**といって、決められたルール（プログラムされた動作）しかできなかったのよ。決められた質問にユーザーが答えると決められた答えを出す、みたいにね。

 いまでは当たり前のことも、昔はすごいと思われてたんだね。

 次に登場したのが「機械学習」のAI、ここで飛躍的に発展するのよ。

攻略ノート

●**機械学習**

たくさんのデータから特徴となる「**特微量**」を抽出し学習すること。

●**学習の方法**

・**教師あり学習**：ラベル付きデータを使って学習し、新しいデータに対する予測を行う

・**教師なし学習**：ラベルのないデータからパターンを見つけ出し、データの構造を理解

・**強化学習**：試行錯誤を通じて最適な行動を学習

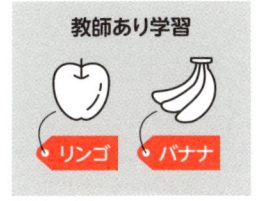

教師あり学習

教師なし学習

丸いのがリンゴ

AI

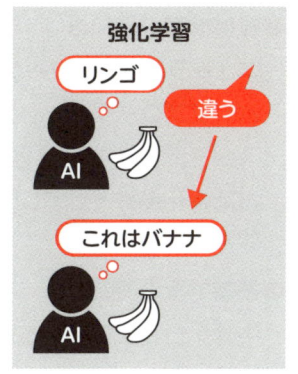

強化学習

リンゴ / 違う

AI

これはバナナ

AI

機械学習は、文字の通り機械的に多量に学習するってこと。多量のデータを与えて**特微量**という「ちょっとした差」を探し出して学習するの。

例えば、写真に写っている果物を認識するAIを作る場合を考えましょう。「**教師あり学習**」では、「これはバナナです」と**ラベル**を貼ったバナナの写真を見せて、「バナナっぽいもの」と「そうじゃないもの」に**分類**させ、**回帰**学習（関係性を理解）させるの。

「**教師なし学習**」は、膨大な量のバナナの写真を見せて特徴を**クラスタリング**（グループ分け）し「バナナ」を認識させる。「**強化学習**」は、色々な果物の写真をみせて「バナナ」を**試行錯誤**しながら学ばせるのよ。

 AIも僕みたいに、教師あり学習をしているんだね。教師は佐藤さんだ。

 あはは！　AIみたいに覚えたものを忘れないでいてくれたらいいのにね。

 はい……。がんばります。

 さて、AIがこのあとどうして飛躍的な発展をしたかというと、次の技術が出てきたからよ。

攻略ノート

●機械学習の仕組み

・**ニューラルネットワーク**：人間の脳の神経細胞をマネしたモデル。

・**バックプロパゲーション**：出力と目標値との誤差を逆伝播（ゴールからスタート方向に修正）させて各層の重みを調整する手法を用いる。

　→**活性化関数**という、複雑な変換を行うことで、より柔軟な考え方ができる。

●機械学習の問題点

訓練データをキチッと覚えすぎると、少しの違いだけで「ちがう！」と反応してしまい、柔軟性がなくなることもある。これを**過学習**という。

 **ニューラルネットワーク**という脳の神経細胞をまねした計算をするようになったの。**バックプロパゲーション**や**活性化関数**という技術を使って学習できるようになったのよ。

 聞きなれない言葉だらけだ。暗記だな。

注意しないといけないのが、ただたくさんの学習すれば高性能なAIができるわけではないということ。「**過学習**」といって、勉強し過ぎて柔軟性がなくなる問題があるの。さっきのバナナ画像認識の例だと、形が歪んでいるとか一部分黒くなっているバナナをバナナだと見分けられなくなるの。頭でっかちになるのね。

僕は過学習には縁がないな。

次に機械学習が発展し、**ディープラーニング**が登場するわ。

攻略ノート

●**ディープラーニングモデル**

　データから自動的に様々な特徴を学習する。画像や音声の認識、自然言語（普通の言葉）の処理などで高い性能を発揮！

●**ディープラーニングモデルの訓練**

・**事前学習**：大規模なデータセットで事前に訓練し、その知識を活用して新しい「考え方」に適用。

・**ファインチューニング**：特定の「考え方」に合わせて微調整すること。

・**転移学習**：ある「考え方」として学習した知識を、別の関連する「考え方」に転用する。

画像認識や**音声認識**、**言語生成AI**などが登場するのよ。どうやって学習しているかというと、**事前学習**によって大量のデータで事前に知識を蓄えさせて、その知識を元に学習させるの。また、AIが「ちょっとちがうな」ということを覚えてしまったら微調整してあげる**ファインチューニング**技術、1つの学習の仕方を覚えたらそれを別の分野にも転用する**移転学習**などもあるわ。

 佐藤さんの勉強の仕方を移転学習で僕にコピーできたらいいのに……。

 それは無理ね。それよりディープラーニングの仕組みも押さえておきましょう。

攻略ノート

●ディープラーニングモデルの仕組み

・**畳み込みニューラルネットワーク (CNN)**
画像データのパターンを効率的に学習するためのニューラルネットワーク (処理方法) で、畳み込み層を使って画像の特徴を抽出

・**リカレントニューラルネットワーク (RNN)**
時系列データやシーケンスデータを扱うのに適しており、過去の情報を保持して次のステップに利用できる

・**敵対的生成ネットワーク (GAN)**
データ生成モデルと識別モデルが競い合うことで、非常にリアルなデータを生成

 **畳み込みニューラルネットワーク** (CNN) といって、画像のパターンを学習するのに適している仕組みや、**リカレントニューラルネットワーク (RNN)** といって、昔と今を比べて未来を予想するのが得意な仕組み、**敵対的生成ネットワーク (GAN)** といって、考え出した答えとすでに記憶している答えを比べて優秀な方を選択するのが得意な仕組みがあるのよ。
特に最近、注目を集めているのが、**大規模言語モデル (LLM)** ね。「言葉」のつなぎ方を訓練するのが得意な仕組みよ。このモデルが進化したから、ここ最近、急にAIが上手に人間と会話ができるようになったのよ。

 最近よく見るなぁ。

でも、AIにわかりやすい話し方は人間の会話とは少し違うの。AIに質問や命令を言葉で出すことを**プロンプト**というのよ。適切なプロンプトの命令には最良の答えをだすけど、不適切なプロンプトだとあまりよくない答えを出すわ。

プロンプトを改善する・良いプロンプトを書く技術を**プロンプトエンジニアリング**というのよ。

攻略ノート

●注目のAI関連用語

・大規模言語モデル（LLM）

膨大な量のテキストデータを使って訓練されたAIで、人間のような自然な言語生成や理解を可能

・プロンプトエンジニアリング

モデルに与える**入力（プロンプト）**を工夫することで、望ましい出力を得るための方法。

意味の通じない下手な言葉で話しても、伝わらないって、人間みたいだな。AIを味方につけるには正しい日本語を覚えないとだめだね。

正しい日本語のコミュ力もIT力と同じように大事よね。
さて、ここまでの復習として演習問題を解いてみましょう！（演習問題については7ページの案内をご確認ください）

まとめ

- ・AIの技術の歴史を覚えよう
- ・最近の注目技術を押さえておこう

MEMO

第6話

ハードウェアと
ソフトウェア
ITの両輪を回せ

おお！今日は外で勉強か！

たまに高性能なものが値下げされてるときにわかるようになるのよ

高性能か見極める知識がつくのか！

パソコン周りのハードウェアを勉強ね

電気屋さんなら実際に見られていいね

でもパソコンって種類が多いよなぁ

心配しないで性能の指標はそんなに多くないわ

ハードウェアを勉強するとパソコンとか周辺機器の性能がわかってお得よ

お得？

覚えておけばいいのはこんなところね

・CPUのクロック数
・メモリの種類と容量
・記憶装置の容量とスピード
・付属機器の種類と性能

よし覚えるぞ！

第6話で学ぶのはこんなこと!

　コンピュータを構成するハードウェア、それを動かすソフトウェア。この両方を学べばコンピュータが身近に感じられるはず。

　基本的なところをマスターすれば、大丈夫!

　ITパスポートに出題される範囲は、パソコン購入にも役立つ知識ばかり!

POINT 1　ハードウェアは仕組みと機能

　各部品の仕組みや役割、性能の評価の数値などを覚えましょう。家電量販店でパソコンのパンフレットの性能表を読めるくらいを目指しましょう。

POINT 2　ソフトウェアは基本ソフトとアプリに分ける

　基本ソフトとアプリに分けて考えると良いでしょう。基本ソフトがやってくれる仕事以外をアプリで行います。

POINT 3　応用技術の電子メールとIoTについて知る

　まずは、用語を覚えましょう!　その上で、仕組みの理解や知識の応用をチャレンジしましょう。

コンピュータは5つの部品でできている！

 今回はコンピュータそのモノ、ハードウェアを勉強しましょう。

 お、二人とも来ていたか。

 うわぁ！　健太がなぜいる！？

 今日、田中くんと電気店でハードウェアの勉強をするって言ったら来てくれることになったのよ。

 俺も基本情報技術者試験 (FE) の勉強中だからな。人に教えると、自分の勉強にもなるっていうだろ！

 あ、ありがとう……。

 ますは、パソコン本体から見ていきましょう！　パソコンは大きく分けて、5つの装置からできているの。

攻略ノート

●コンピュータの5大要素

・中央処理装置 (CPU)

命令を処理する装置。

・演算装置

主に演算を行う装置。

・主記憶装置

プログラムや演算結果を記憶しておく装置。

・**補助記憶装置**

様々なファイルや、プログラムなどを保管するために使用する。また、演算装置や演算結果の主記憶装置に入りきらなかった部分を記憶する入力装置。コンピュータに指示を出すための入力をする。

・**出力装置**

コンピュータから結果を出力する装置。

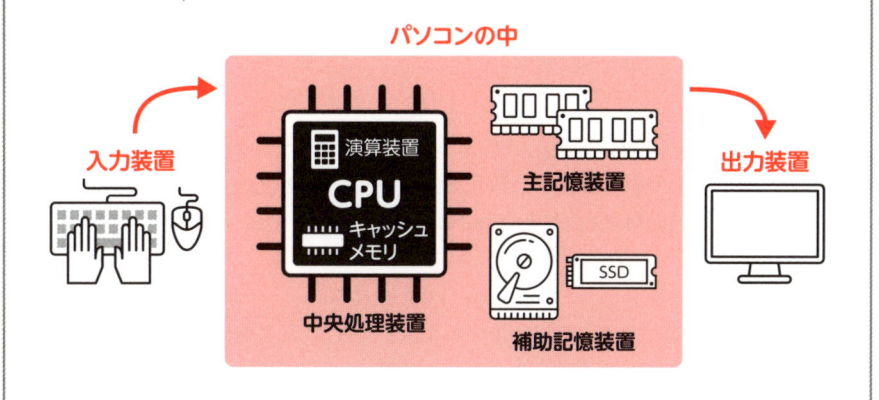

 **主記憶装置**と**補助記憶装置**は合わせて**記憶装置**というのよ。
さて、ここまでの復習として演習問題を解いてみましょう！（演習問題については7ページの案内をご確認ください）

（演習問題については7ページの案内をご確認ください）

まとめ

・コンピュータには大きく5つの装置がある
・それぞれの役割を押さえておこう！

6

ハードウェアとソフトウェア　ITの両輪を回せ

 5大装置の中心的な役割をする、**中央処理装置（CPU）**について詳しく勉強しましょう。

 パソコンの性能の良し悪しと言えば、やはり**CPU**というから、そこから見ていくのがいいぞ。

 そうね。**CPU**の性能といえば、処理速度。**クロック数**といって、Hz（ヘルツ）という1秒間に振動する数を単位としているわ。ちなみに最近見なくなったけど、蛍光灯は60Hzとか50Hzで、1秒間で60回か50回チカチカしているのよ。

 そのクロックが3.8GHzよりも4.2GHzの方が、処理のテンポが速いってことだ。例えば、Intel社のi9シリーズの14900KSというCPUは**ブースト**がかかっているとき、最大で6.2GHzで動くんだぜ！

 **ブースト**って、速く動かしている時ってことだよね。普通はゆっくり動くの？

 ああ。速く動かすと消費電力が多くて「熱く」なりやすいから、エコモードという2.4GHzで動くモードもあるんだ。

 忙しいときはブーストして速く処理して、のんびりの時は省エネでゆっくり動いてくれるなんて賢いな！

 ちなみに最近は5大装置の**演算装置（ALU）**がCPUの中に埋め込まれているから、別部品で提供されていることはほとんどないんだ。

 あと、ひと昔前までは、32bitのCPUと64bitのCPUがあったのよ。

攻略ノート

●32bitと64bit

64bitのCPUは64bitの命令を、32bitのCPUは32bitの命令を処理する。ただし、64bitのCPUであれば、32bitの命令を、OSの機能で仮想32bitで処理することができる。

→仮想32bitは効率が悪い。

なんで、ここでbitが出てくるの？

1回のクロックで処理できる命令文の長さが、昔は32bitと短かったんだよ。いまでは、ほとんど64bitだ。

たしかに、アプリが32bit用と64bit用で分かれているの、昔見たことあるなぁ。

それそれ！　32bit用のアプリは64bitのCPUでも、仮想32bitモードで動作するけど、64bitのアプリは32bitのCPUでは動作しないから気を付けたほうがいいぞ。いまは、ほとんど64bitになっているけどな。

CPUがどんなに速くても、速いパソコンにはならないことには注意よ。

命令を出すCPUが速ければ、速いんじゃないの？

考えても見ろ！　命令を出す指揮官が、どんなに速く命令を出したって、それを実行する人たちが遅かったら、結局命令は実行されないだろう。CPUが早くても命令を実行する機器の性能が悪い（遅い）と、全体的に処理が遅くなってしまうんだ。

なるほど。

また、CPUの内部には同時にいくつも処理できるように部品（**コア**）が複数あるんだ。さっきのIntelのCPUだと24コアも持っている。さらに、処理に余裕があるときは、1つのコアが2～3個のタスクを同時処理できる。その総数を**スレッド**というんだ。2個のコアを**デュアルコア**、4つのコアを**クワットコア**という時代もあったな。

速い上に同時処理も可能なんて、CPUってすごすぎるな！

攻略ノート

●マルチコアとマルチスレッド

・**コア**：1つの命令を解読し処理の命令を出す。

・**マルチコア**：コアがたくさん同時に動ける。

・**スレッド**：コアが同時に仕事をできる数。

・**マルチスレッド**：1コアが同時に仕事をできる数。

※コア数を**物理コア数**、スレッド数を**論理コア数**と呼ぶこともある。

シングルスレッド
1つのコアが1つの仕事

マルチスレッド
1つのコアが複数同時に仕事

マルチコア
複数のコアが仕事

会社の仕事でたとえると、結局は、必要な仕事を担当している一番遅いヤツに合わせて終わる。
そいつを**ボトルネック**というんだ。

 CPU＝優秀な社員だけでもだめってことか……。

 一方で、CPUにも苦手な仕事はある。それが**グラフィックス処理**だ。

 グラフィックス処理って、ゲームで背景を動かしたり、建物を立体的に表示したりするものだよね。

 それだ！　例えばゲームプレイヤーが動くたびに光の反射とかを考慮して、1つひとつの画像をどう描くか計算するんだ。そういう高速な計算が必要なときはCPUでは対応しきれなくて、より専門的なことができる**GPU**にお願いするんだ。GPUはグラフィックスを描く際に使う浮動小数点数という数値の計算を得意とする演算装置だ。
GPUが付いているパソコンは、CPUが高速に命令を処理して、GPUが高速に描くからより速い処理ができる！　これがゲーミングパソコンというヤツだ。

 それだけじゃないわ。GPUはAIにも重要な装置なのよ。AIは多量の浮動小数計算の同時に行う処理で動いているから、GPUで動いているといっても過言ではないの。

 いろんなところで役立ってるんだな……。

 ちなみに、CPUと一緒によく働く装置が、**主記憶装置**。主記憶装置が遅いとCPUは主記憶装置の処理を待つことになるのよ。GPUも同じで、計算は速いけど、結果を覚えてくれる記憶装置が遅かったら、計算結果を保存できないわ。次は、記憶装置の話をしましょう！
さて、ここまでの復習として演習問題を解いてみましょう！（演習問題については7ページの案内をご確認ください）

まとめ

- 中央処理装置（CPU）の基本性能を押さえておこう
- CPUの仕組みやGPUとの違いを理解しよう

 CPUを支える大事な装置、記憶装置（メモリ）について詳しく勉強しましょう。

 CPUと二人三脚、なくてはならない装置だ。

 そうね。いくらCPUが速くてもメモリが遅いと処理は終わらないからね。だから、メモリのうち、速く動く**キャッシュメモリ**はCPUの中に置いて、少し遅い**メインメモリ**は少し離れたところに置くの。よく使うものはキャッシュメモリで処理をして、それ以外はメインメモリで処理をするという感じね。

攻略ノート

●メモリの種類
・**キャッシュメモリ**：CPUの側近で働く、超高速なメモリ。
・**メインメモリ**：CPUから少し離れたところで働くメモリ。

●CPUの処理の流れ
①CPU、キャッシュメモリに必要な情報があるか調べる。
②ある場合はそのまま使用、ない場合はメインメモリから情報を得る。
③メインメモリから情報を得る場合は同時にキャッシュメモリにコピーされる。
④以降、キャッシュメモリから得られる。

 **メインメモリ**から持ってきた情報は、**キャッシュメモリ**にもコピーされるようになっているの。またすぐ使うかもしれないから、キャッシュメモリにもコピーを預けておく感じね。

つまり、キャッシュメモリの容量が大きければ、たくさんの情報を保持できるからメインメモリを使わなくてよくなるんだ。キャッシュメモリにも早い順に、**L1キャッシュ**、**L2キャッシュ**、**L3キャッシュ**と段階別になっているものがある。速いメモリに必要な情報があればより高速に処理ができるし、計算結果も最初は一番速いキャッシュメモリに保持するんだ。

メインメモリってそんなに遅いの？

例えば、最新のDDR5-5600という規格のメモリは、一秒間に5600MbpsのスピードでCPUに情報を届けるんだ。

単位がbitだから、バイトに直すと700Mbyte。つまり、一秒で、0.7Gbyteか。

例えば、2時間の映画をYouTubeで観た場合、3GByte程度のデータがやりとりされるの。これを4秒で転送できるスピードってことね。

十分早いじゃないか！

これを「遅い」というのがコンピュータの世界なのだよ。ちなみに、キャッシュメモリの速さは最新の情報で、最速で2Tbpsだ。単位がT（テラ）、つまりメインメモリの4倍程のスピードだ！

なら、すべてをキャッシュメモリにしちゃえばいいのに。

キャッシュメモリは**SRAM**という半導体メモリが用いられていて、高価なんだ。キャッシュメモリを大容量にして、問題解決といいたいけどな。一方で、メインメモリには**DRAM**が用いられていて比較的安価なんだ。

攻略ノート

●SRAMとDRAM

・**SRAM**：**フリップフロップ回路**という仕組みが用いられていて非常に速く動く半導体メモリ。キャッシュメモリなどに使用されるが、単価が高い。

・**DRAM**：電圧で記憶する仕組みが用いられている。メインメモリに使用されていて、比較的安価。

さらに補足すると、メモリにはRAMとROMという種類があるのよ。

攻略ノート

●ROMとRAM

・**RAM**：電源を切ると、内容が失われる。揮発性メモリという種類。書き込み可能

・**ROM**：電源を切っても内容が保持される。読み取り専用。Read Only なMemolyという意味。ROMも一度は内容を書き込む必要がある。

・**PROM**：特殊装置で一度だけ書き込めるROM

・**EPROM**：特殊装置で書き込め、紫外線や電気的に消去できるROM

SRAMもDRAMもRAMだから、電源を切ると内容が消える揮発性というメモリね。でも、このあと説明するけど、DVD-RAMは読み書きできて電源を切っても内容が消えないわ。USBメモリに使われているフラッシュメモリも電源を切っても消えないのよ。

 色々わかってきたぞ。パソコンを選ぶときには、**CPU**の**クロック数**が速くて、**キャッシュメモリ**が多くて、**メインメモリ**は容量が多くて、転送速度が速いものがいいんだね。

 まだパソコンを選ぶ基準があるぞ。**GPU**だ。
CPUがいくら速くても画像処理にそのパワーをとられてはスムーズにゲームが動かないぞ。CPUにキャッシュメモリという相棒がいるように、**GPU**にも**VRAM**という相棒がいる。GPUもコア数が多くてVRAMも多い方が高性能だ！

 VRAMとは映像出力に特化したメモリのことね。

 なるほど、役割が違うんだなぁ。

 さて、ここまでの復習として演習問題を解いてみましょう！（演習問題については7ページの案内をご確認ください）

まとめ

・キャッシュメモリとメインメモリの違いを押さえよう
・ROMとRAMの違いや関連用語を覚えよう

補助記憶処理装置

 主記憶装置の次は補助記憶装置についてみて見ましょう。

 補助記憶装置って、名前からしたら、主記憶装置を補助するの？

 そう！　主記憶装置に入りきらなかった情報を退避しておいたり、文章ファイルとか、写真とか、すぐに使わない情報を記憶しておいて、使うときに主記憶装置に持ってくる役割があるのよ。
例えば、スマホの中にあるアプリのファイルや写真を記録するNAND型内部ストレージや、パソコンの中にあるHDD（ハードディスク）やSSDが代表よ。HDDやSSDは外付けもあるわ。

攻略ノート

●補助記憶装置

　主記憶装置に入れる前の（実行される前の）アプリのファイルや、写真、文章などを記録する装置。

　パソコンでは、**HDD（ハードディスクドライブ）**や**SSD（ソリッドステートドライブ）**が主流。スマホではNAND型内部ストレージが主流。

・**HDD**：回転する円盤に記録する。SSDより遅く壊れやすいが、安く大容量。最大18TBも入る！
・**SSD**：電気的に素早く記録する。HDDより速いが、高額で少容量。最大8TBほど。

●転送速度 (ここでは単位はバイトです)

・SSD (NVMe)：最大約7,000 MB/秒 (メインメモリより速い!)

・SSD (SATA)：最大約600 MB/秒

・NAND型内部ストレージ (UFS 3.1)：最大約2,100 MB/秒

・NAND型内部ストレージ (eMMC 5.1)：最大約400 MB/秒

・ハードディスク (HDD)：最大約200 MB/秒

※2025年1月現在の情報です

ゲーミングパソコンでは、メインメモリと同等な速度の**SSD**がお勧めだ!キャッシュメモリにも瞬時に伝送できるぞ!　それに普通のパソコンでも、メインメモリの容量が足りなくて、一時的に補助記憶装置の場所を借りる**仮想記憶**の場合、補助記憶装置が高速でないと、パソコンの動作が一気に遅くなるんだぞ。

メインメモリに入りきらないから補助記憶に出してしまうのを**スワップ**というのよ。メインメモリを大きな容量にしておけばスワップは発生しないわ。補助記憶装置は、パソコンの中に入っているものでなくてもいいの。主記憶以外の装置はすべて補助記憶装置なのよ。

攻略ノート

●外付けの補助記憶装置

・USBメモリ

USBの挿し口に刺して使う記憶装置。転送スピードはUSB2.0で480Mbps、3.0や3.1 (Gen1) で5Gbps、3.1 (Gen2) は10Gbpsとなる。挿し口の形状は、TypeA、Cがある。

紛失したらセキュリティ事故につながる。暗号化・パスワード付きUSBを使おう!

・SDカード

　デジタルビデオやデジタルカメラで使用されることが多い。SDカード
の挿し口に挿入して使う記憶装置。読み書きのスピードも様々。ホームビ
デオで8K画像を撮るのであればビデオスピード (V) 90、90MB/sがお勧
め。こちらも紛失が怖い。

・CD

　コンパクトディスク。**CD-ROM**は一度書いたら消せない。**CD-R**は一度
だけ書き込みができる。**CD-RW**は読み書きができる。700MBほどの容
量がある。情報のやり取りのスピードは遅い。

・DVD

　こちらも**DVD-ROM**、**DVD-R**、**DVD-RW**がある。容量が片面1層の
は4GBほど。両面は8G。片面2層は9.4GB、両面2層では17Gほど。ス
ピードは遅い。

・ブルーレイディスク

　ROMと**R**と**RE**（書き換えができる）がある。容量は1層では25Gほど。
2層では50Gほど。スピードは遅い。

USBは紛失が怖いんだよな。うっかり落としたら、即「個人情報漏えい」にな
るから、**ヒヤリハット**（ヒヤっとしたりハッとした）案件も多そうだな。安易に
捨てたりすると、「3-3　リスク管理」で習った**ソーシャルエンジニアリング**さ
れるかも……。

いいわね！　何ごともセキュリティと結びつけて考えるのが、ITを上手に扱
うコツよ。

なかなかやるじゃないか。ちなみに、外付けの補助記憶装置の中に「Autorun.
inf」というファイルがあったら、勝手に実行されてしまうから、**オートランの
設定**も止めておいたほうがいいぜ！

 なるほど。

 CDやDVDなどは最近は**クラウドストレージ**があるからなかなか見かけなくなったけど、パソコンから完全に取り外せるので**バックアップ**などの記憶用に使う場合も多いわね。

 **ランサムウェア**から**バックアップ**を暗号化されないように守るにはちょうどいいね！

 書き換えできない**BD-R（ブルーレイディスクをBDと略する）**にバックアップするのも、いい手だぞ。一度しか書けないし、書き換えできないから、暗号化もされないんだ。でも、**BD-RE**は書き換えできるからランサムウェア対策にはダメなんだ。

 内蔵・外付けに限らず、電源を切っても記録が残っている記憶装置は、ファイルを消しても、専用ソフトを使えば簡単に復活させられちゃうわ。SSDやHDDは「**セキュアイレース（Secure Erase）**」と言って、購入したばかりの何も書いていなかった工場出荷時に戻すことができるの。これをするとファイルは復活できないわ。
CD-RやDVD-R、BD-R、USBもファイルが消えたように見えるけど、実際はキチンと残っているから、物理的に壊してから捨ててね。
HDDで「セキュアイレース」がない機器の場合は、何度も何度も同じbitパターンで上書きして元の情報を踏み消してしまう**抹消ツール**を使うといいわ。パソコンを破棄するときには要注意なの。

 情報漏えいのリスクもキチンと管理しないとね。

 そうね。さて、ここまでの復習として演習問題を解いてみましょう！（演習問題については7ページの案内をご確認ください）

まとめ

- 補助記憶装置は装置の種類を覚えるところからはじめよう
- セキュリティの知識と関連させて記憶しよう

入力装置

 次は**入力装置**について見ていきましょう。

 パソコンでいうところの、**マウス**や**キーボード**のことだな。

攻略ノート

●入力装置

代表は、**キーボード**と**マウス**。マウスの真ん中のコロコロと回すのは、**ホイール**という。マウスは**ポインティングデバイス**といって、日本語で「指し示す装置」となる。

●その他のポインティングデバイス

・**ノートPCのタッチパット**
・**タッチペン**
・スマホの**タッチスクリーン**（指の静電気に反応している）

 日常ではそこまで使わないかもしれないけど、次の装置もあるのよ。

攻略ノート

●その他の入力装置

- **OCR**：光学式文字読み取り装置。画像に映った文字を読み取る装置。最近ではスマホのカメラ機能で写した文字を自動で文字にしてくれる**AI-OCR**などもある

- **OMR**：光学式マーク読み取り装置。マークシートのマークを読み取る装置

- **バーコードリーダー**：形は、ハンディタイプから、据え置き型まで様々。商品についているようなバーコードは2Dバーコード、QRコードは3Dバーコードという。

- **RFスキャナ**：RFIDというタグを読み込む装置。最近ではユニクロのレジが有名。タグの中に埋め込まれているRFIDという電子タグを読み取る装置。

- **スキャナ（イメージスキャナ）**：写真や絵などを読み取って画像として入力する装置。文字の用紙を画像として取り込むのが得意な**ドキュメントスキャナ**などがある。コピー機のように読み込みたい写真をガラス面に置き、光学式センサーで読み取る。

- **デジタルカメラ**：スマホに付いているカメラなど画像を撮影し入力する装置。画素数が多いほど鮮明な写真が撮影できる。**解像度**も同じ。1インチ（2.54cm）四方当たりの画素（ドット）数を**dpi（ドット（パー）インチ）**という。

- **スマートグラス**：メガネに画面が透けて映り、操作は手を動かして行う。入力装置でもあり出力装置でもある

AIが**画像認識**ができるようになったから、OCRの認識率も高くなったの。これを**AI-OCR**というわ。

スマートグラスもAIを用いた技術だな。目の前にいる「誰か」を画像認識AIと組み合わせれば、名前なども教えてくれるなんてこともできるんだ。

6

ハードウェアとソフトウェア ——ITの両輪を回せ

 さらに、IoTの各種センサーも入力装置といえるわね。

攻略ノート

●IoTなどのセンサー装置

　IoTの機器が備えているセンサー装置も入力装置といえる。各種センサーとそれを搭載する機器の例を紹介する。

- **光学センサー**：バーコードリーダー
- **赤外線センサー**：テレビのリモコン（リモコンはIrDAという赤外線を用いた共通のルールで通信される）。
- **磁気センサー**：IHクッキングヒーター
- **加速度センサー**：ゲームコントローラー
- **ジャイロセンサー**：スマホの画面回転（スマホを横にしたら感知して画面も横になる）
- **超音波センサー**：自動車の前後左右の物を感知するアラーム
- **温度センサー**：エアコン・冷蔵庫
- **湿度センサー**：エアコン・加湿器
- **圧力センサー**：高度計、標高を示すスマートウォッチ
- **煙センサー**：火災報知器

 IoTが広がってくると、なんでも入力装置になる可能性があるんだな！

 冷蔵庫や洗濯機、はたまた靴まで入力装置になる日が来るかもな。

まとめ

- まずは身の回りの入力装置から押さえよう
- IoT関連の出題も多いため、センサーなどの動作も覚えよう

6-6 出力装置

 次は**出力装置**よ。

 最近の出力装置は面白いものが目白押しだ！

 そうね。出力といえば**ディスプレイ**や**プリンタ**が思いつくけど、その２つでさえすごく進化しているの。それに、**メタバース**という仮想空間に関する技術も進化してきて、**VRゴーグル**などの新しい装置も出てきたわ。

攻略ノート

●出力装置
コンピュータからの出力を行う装置。

・**ディスプレイ（モニター）**
パソコンの画面を映す装置。
・**液晶ディスプレイ**：液晶のフィルムがRGBの３原色（色だけ）を表現し、バックライトで照らして表現、俗称LCD。
・**有機ELディスプレイ**：有機ELのフィルム自体が発光発色する。バックライトが不要。

 最近、すごく薄くて軽いディスプレイがあるなぁと思っていたら有機ELだったんだ！　すごい技術だね！

 ディスプレイに関連する用語だと、**解像度**や**リフレッシュレート**も押さえておきたいわね。簡単に言うと、どれだけ綺麗かが解像度、どれだけチカチカしないかがリフレッシュレートね。

攻略ノート

●解像度

画面表示される光の点（ドットやピクセルという）の数を、縦×横で表現する。

1980年代のテレビゲームは画面全体で256×224。現代のハイビジョンは1280×720、フルハイビジョン（2K）は1920×1080、4Kは3840×2160、8Kは7680×4320、16Kは15360×8640。

▼ハイビジョン

▼フルハイビジョン

▼4K

▼8K

●リフレッシュレート

一秒間に何回、画面を描き直すかのスピード（60Hz〜144Hz）。

※ディスプレイが高速でも、GPUが低速の場合もある

 あと、ディスプレイとパソコンをつなげる方法も要確認だ。ひと昔前は**アナログRGB変換ケーブル**を使っていたけど、それだと画質が落ちるから、今では**HDMI**や**DhisplayPort**というケーブルを使うのが普通だぞ！

攻略ノート

●接続ケーブルの種類

・アナログRGB：デジタルをアナログに変換して接続

・DVI：デジタル・アナログ両方で接続

・HDMI：デジタル接続（音声にも対応）

・DisplayPort：デジタル接続・高解像度向き（音声可）

 次にプリンタね。**インクジェットプリンタ**と**レーザープリンタ**が一般的だけど、今は**3Dプリンタ**も市販されるようになったわね。

攻略ノート

●プリンタ

紙などに印刷する装置。1インチ（2.54cm）内に何ドット描けるか**(dpi)**で綺麗さが決まる。

・**インクジェットプリンタ**：インクの小さな粒を吹きかけて紙に印刷する

・**レーザープリンタ**：紙に帯電させ、色の粉（トナー）を着けてレーザーで焼付ける

・**3Dプリンタ**：熱で溶かしたプラスチックや光で硬化する樹脂を吹き付けて、徐々に立体物を作成していく

6

ハードウェアとソフトウェア ―ITの両輪を回せ

 最近の技術といえば、**メタバース**の進歩で出てきた**VRゴーグル**だな。

 メタバースとは、3DのCG空間に作られた世界のことよ。**VR**はバーチャルリアリティ、仮想現実という意味で、リアルっぽい作られた世界ってことね。

攻略ノート

●VRゴーグル

　ゴーグルの中に視野角いっぱいに高解像度ディスプレイが並ぶ。ジャイロスコープなどが搭載されており、振りむいた方の画像を表示することによって、仮想空間にリアルに存在する感覚になる。

　ヘッドマウントディスプレイや**VRメガネ**といわれることも。

 そのほか、Bluetoothで接続する**ヘッドフォン**も出力装置といえるわね。

 忘れてならないのはIoTでは必須な**アクチュエーター**だ。コンピュータから命令を受けて動作に変える部品全般のことをいうんだ。例えば、水位上昇の情報を受けて、水門を開けるためにモーターを回す、油圧や空気圧で押すなどの動力を出すといった使われ方をしているよ。

 思ったより出力装置って色々あるんだなぁ。

 さて、ここまでの復習として演習問題を解いてみましょう！（演習問題については7ページの案内をご確認ください）

まとめ

- VRや3Dプリンタなど、最新の出力装置を押さえよう
- AIを使ったAI-OCRなどは出題頻度が増えそうなので要確認

コンピュータの種類と特徴

 5大装置を支えるパソコン自体についても見ていきましょう。

 まず、**サーバー**と**クライアント**の違いは知っていたほうがいいぞ。サービスを提供するのがサーバーで、サービスを受ける側のコンピュータ（主にパソコン）がクライアントだ。

攻略ノート

●サーバー

サービスを提供する側のコンピュータ。通常、多数のユーザーへ同時にサービスを提供するため高性能なコンピュータを用いている。部品が壊れて停止しないよう、1つが壊れても動作し続けられるように装置を2重化するのが一般的。

 ここまでの復習をすると、高性能なコンピュータっていうのは、CPUが速くて、キャッシュメモリも容量が大きくて、メインメモリもたくさんつけていて、さらに高速で大容量なSSDがあるコンピュータってことだよね。

 それに、サーバーは電源装置が壊れたら大変だから「2重化」といって、片方が壊れたら停止することなくもう一つの電源装置が稼働するようにしてあることも大事だぞ。同じように、ネットワークの装置やSSD、ときにはCPUなども2重化されているんだ。

 すごいなぁ。ただでさえ高額なのにそれが2倍なんて……。

 コンピュータの種類も押さえておきましょう。思っているよりコンピュータの範囲は広いのよ。

攻略ノート

●コンピュータの種類

・PC

　パーソナルコンピュータ、略してパソコン。個人が利用する。ネットに接続する、オフィスソフトを使うなど用途は様々。

・汎用コンピュータ

　非常に高い処理能力と信頼性を持つコンピュータで、大規模な企業や政府機関、金融機関などで使用。

・ウェアラブル端末

　腕時計のように見えるスマートウォッチや、メガネのように見えるスマートグラスなど身体に装着したままで利用するコンピュータ。

・スマートデバイス

　インターネットや他の装置と接続して、情報のやり取りや制御が可能なデバイス。家電や自動車、その他のあらゆるインターネット接続可能なデバイスが含まれる。

　→その他、スマートフォン、タブレット端末もある。

 確かにスマホだって電話じゃなくてコンピュータの一員だよな。

 さて、ここまでの復習として演習問題を解いてみましょう！（演習問題については7ページの案内をご確認ください）

まとめ

- システムを構成しているコンピュータの役割を覚えよう
- コンピュータの種類と違いを押さえておこう

OS（オーエス）とアプリ

ソフトウェアの勉強では、「**オペレーティングシステム**」略して **OS（オーエス）** と呼ばれている部分を、まず勉強しましょう。

OSは多くのアプリを助ける重要な存在なんだぞ。

攻略ノート

●OS（オペレーティングシステム）

①多くのアプリが必要とする共通の機能を提供

アプリを動かす基本的な機能を提供してくれる。例えば、マウスポインタを動かす、クリックしたアプリを起動するなど。

②マルチタスク

あるアプリを動かしているときも、ほかのアプリが動くように制御してくれる。

③ファイルシステム

プログラムなどを補助記憶装置上に記録する際に、ファイルという単位を管理してくれる。

④仮想記憶

メインメモリが一杯になったときに、一旦別の場所にデータ等を移動してくれる。

⑤ユーザー管理

ユーザーによって異なる権限を与えるなどの管理をしてくれる。

そっか！　マウスポインタを動かす機能をそれぞれのアプリが作りこんでいたら大変だよね。そういう機能をOSは提供してくれるんだ。

**マルチタスク**といって、2つ以上のアプリを同時に動かしたりしているのもOSよ。**ファイルシステム**といって、アプリをファイルとして保存したり、アプリで作ったデータをファイルとして保存したりする機能もOSが提供してくれているのよ。

あとは、**仮想記憶**という機能もある。メインメモリが一杯になったとき、一旦使っていない情報を補助記憶に移動する。そうすることで、メインメモリが一杯でプログラムが動かなくなるということを避けてくれるんだよ。

あとは**ユーザー管理**ね。ファイル操作できる権限は全員に与えるとか、OS自体の設定を変更できる権限は管理者さんだけとか、**ログオン**した人によって違う**権限**を与えるの。
もう一つ。入出力装置などをパソコンに接続すると、その装置に対応した制御プログラム（**デバイスドライバ**）をインストールし、すぐに使える状態にしてくれるの。この仕組みは**プラグアンドプレイ**というのよ。

OSっていうと**Windows**をよく見かけるけど、他にもあるの？

他にもたくさんあるのよ。代表的なものは……。

攻略ノート

●OSの種類

- **Windows（ウィンドウズ）**：マイクロソフト社が提供する、アプリをWindowという単位で動作させるOS。
- **macOS（マックオーエス）**：アップル社のパソコン「Mac」を動かすOS。
他にも、**Linux（リナックス）**や**ChomeOS（クロームOS）**などがある。スマホ向けには、主にiPhone向けの**iOS（アイオーエス）**やそれ以外に多い**Android（アンドロイド）**がある。

 **Linux**や**ChormeOS**、**Android**は基本、無料で提供されているんだ。多機能版が有償だったり、サポートが有償だったりするけどな。

 しかも、LinuxやChrome、Androidを作ったプログラムは、なんと公開されているのよ！

 **プログラムコード**が公開されているソフトウェアを**OSS（オープンソースソフトウェア）**というんだ。IT業界では、プログラムコードのことを「**ソース**」って呼ぶんだよ。

攻略ノート

●OSS（オープンソースソフトウェア）

　無償でプログラムコードを公開しているソフトウェア。GitHub（ギットハブ）というサイトに公開している場合が多い。OS、通信系ソフトウェア、オフィス系ソフトウェア、データベース管理システム、応用ソフトウェアなどたくさんの種類のアプリが公開されている。

　ただし、**ソースコードの公開**、**再配布の制限の禁止**、**無保証の原則**というルールがある。

 苦労して作った**OS**が、基本無料でプログラムまで世界中に公開されているの？！　そんなことしたら、真似されたり技術を盗まれたりしないの？　いったい誰が得するんだ？

 悪いように使われないよう、制限もつけているんだよ。

6

ハードウェアとソフトウェア　ITの両輪を回せ

攻略ノート

●OSSの利用許諾条件と関連用語

OSSごとに決められている、**利用許諾条件 (使うための条件)** に書かれているライセンスに留意する必要がある。

・GPL (GNU General Public License)

「自己責任」「著作権の表示義務」「複製・改変・再配布・販売等は自由」「再配布するソフトもGPLライセンスにすること」など、一般的な条件が指定されている。

・コピーレフト

著作権を保持しながらも、著作物の利用や改変、再配布を許容する考え方。著作権と相反する考え方なので、著作権 (「コピーライト」) の「ライト (右)」の反対である「レフト (左)」を用いて「コピーレフト」と名付けられた。

OSS (オープンソースソフトウェア) を利用する場合、その利用条件が記載された **利用許諾条件** があるの。これを **ライセンス** といって、OSSの開発者は、自分のソフトウェアにどのライセンスを適用するかを考えるのよ。
GPL はその中でも代表的なライセンスの一つ。自由な利用や改変、再配布ができる条件が定められていて、**GPL** を適用する開発者が多いわ。

そんな面倒なライセンスを主張して、悪いことされないようにするくらいなら、公開しなければ良いのに。

俺も最初はそう思ったよ。だけど、メリットもあるんだ。

大勢の人に公開するメリット……もしかして、セキュリティと関係してる！？作成したプログラムにセキュリティホールがあって悪用されないようにみんなに見てもらおうということか！

さすが！　そうなの。公開するとみんなに見てもらえるから、評価しあえるのよ。作成者たちはより良いものにしたいと思って公開しているから、**脆弱性**などもみんなで発見・修正しましょうということなの。
最近では、**言語生成AIのLlama（ラマ）**がOSSで開発しているわ。**コミュニティ**などで協力して、みんなでアプリを育てているイメージね。
ソフトウェアの種類も押さえておきましょう！

攻略ノート

●ソフトウェアの種類

・**オフィスツール**

　文書作成（ワープロ）ソフトや**表計算ソフト**など仕事で利用するようなソフトウェアの総称。

・**文書作成ソフト**

　いわゆるワープロソフト。文章を作成するのに向いている。図表の埋め込みなどができるため、綺麗な文章が作成できる。

・**表計算ソフト**

　ワークシートに入力して計算するソフト。ワークシートには1から始まる**行**と、Ａ・Ｂ・Ｃの英字の**列**が多数あり方眼用紙のようになっており、行と列が交わる四角いエリアを**セル**とよぶ。セルに値や計算式や関数（合計を求めるsum関数などが利用できる）を入れて計算させる。

例：A列7行目（A7と書く）セルに「＝A5＋A6」と式を書くと、A5セルの
　　内容とA6セルの内容を足し算した内容がA7セルに表示される
例：A7セルに「＝合計（A1：A6）」と書く。合計関数は合計を求める関数で、
　　範囲は：（コロン）で表現するのでA1〜A6まで縦の6セルを合計した
　　値をA7セルに表示される

ハードウェアとソフトウェア　ーＩＴの両輪を回せ

セルの範囲を指定して、グラフを作成する機能や、値の検索　ピポッドデータ（表形式のデータから統計資料などを作成する機能）などもある。

・プレゼンテーションソフト

　スライドの作成や、スライド中の文字のアニメーションなど効果的な演出を行う機能を備えている。画像や図形を使い、見栄えのするスライドを作れる。

・Webブラウザ

　Webページを閲覧するためのソフトウェア。検索サイトは、検索キーワードを指定すると、関連するページが一覧表示される。検索の上位に表示されると閲覧される可能性が高いことから、検索サイトの検索上位に来るように工夫することをSEO対策という。
　検索条件は、AND、OR、NOTの条件で検索できる。
例：ITパスポート AND 合格のコツ

 仕事に使うソフトのグループを、**オフィスソフト**と呼ぶんだが、結構、値段が高いんだ。大きな会社だと、パソコンの台数も多いから、全員のパソコンにインストールするとなると、結構大変なんだよなぁ。

 でもこれがないと、仕事ができないよね。
さて、ここまでの復習として演習問題を解いてみましょう！（演習問題については7ページの案内をご確認ください）

まとめ
- OSSの機能とライセンスを押さえておこう
- オフィスソフトは表計算ソフトから覚えよう

6-9 システムの構成

 ハードウェアとソフトウェアを勉強したら、まとめとして「システム」について勉強しましょう！

 ハードウェアもソフトウェアもシステムのために存在していると言っても過言ではないから重要な単元だぞ。

 システムと一言でいっても、様々な利用形態があるの。システムに一つ尋ねたら一つ応答する**対話**のような処理や、こちらが何か操作するとリアルタイムに変更される**リアルタイム処理**、たくさんのデータをため込んで一気に処理する**バッチ処理**などがあるわ。

攻略ノート

●システム利用形態

・対話型処理

　ユーザーがシステムに指示をすると、応答が得られる処理。

例：銀行のATMでの操作

・リアルタイム処理

　入力されたデータを即座に処理、結果をすぐに反映させる処理。

例：在庫管理や交通システム

・バッチ処理

　一定量のデータをまとめて一括で処理する。効率的に処理を行えるため、大量データの集計や分析に適している。

例：毎日夜間に大量の請求書データを、一度に処理する。

 なるほど。3つの利用形態があるのか。

 利用形態とは別に、処理形態によっても分類できるわ。

攻略ノート

●システムの処理形態

・集中処理

一つのサーバーで多くのクライアントに対応。要求を一手に引き受け、すべての処理を行う。

→管理は容易、サーバーに負荷集中

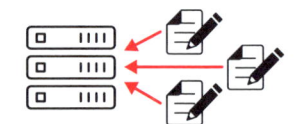

・分散処理

たくさんのサーバーに処理を分担し、負荷を分散する。各サーバーが異なるタスクやデータを処理。

→処理の効率化、システム拡張性の向上、災害など障害への耐久性の向上

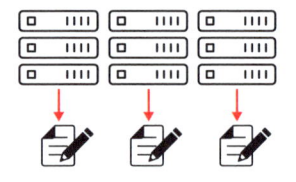

・レプリケーション

データの複製 (レプリカ) を作成、複数で同時に同じデータを処理。

→データの冗長性*を確保し、可用性*を向上

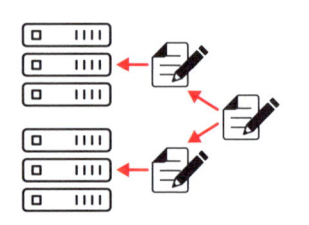

＊**冗長性**：システムの信頼性を高めるために重要な部分を二重化すること。
＊**可用性**：使いたいときにいつでも使える性質。データを複製し使うのでどこかで壊れても他では壊れないものが使える、一部のサーバーが停止しても他のサーバーで処理を継続できるなどの利点がある。

 **集中処理**は、一か所で処理をまとめて実行するから管理が簡単なの。でも、高性能な機材が必要で、負荷もかかるわ。
一方、**分散処理**は、同じ処理をするサーバーを複数用意するイメージね。例えば、3-1で説明した**DoS攻撃**を受けたとき、**分散処理**なら一部の**サーバー**がダウンしても、他のサーバーが機能を維持できるわ。

 集中処理と分散処理、一長一短だね。

 分散処理は、一つの処理を、多くのサーバーに分割して一気に処理する方法だ。1台で1個1分かかるタスクを10個やると10分かかるけど、分散処理で10台のサーバーで1個づつ担当すれば、1分で終わるんだ。

 それは便利だな。

 また、**レプリケーション（レプリカ：複製）処理**は、同じデータで同じ処理を複数のサーバーで実行するんだ。一見無駄に見えるけど、1台が故障してももう1台が使えるから、可用性が高いシステムになるんだ。これを「**冗長性**をもたせる」といって、信頼性もアップするんだよ。

 なるほど……。**集中処理**を**レプリケーション**すると可用性はぐっと上がるってことだね。

攻略ノート

●システムの構成
利用形態・処理形態を実現するシステム構成。

●サーバーのシステム構成
・デュアルシステム
同じ処理を行う2つのシステムを同時に動かし、結果を比較することで正確性や信頼性を高めるシステム
→1つのシステムが故障してももう1つが稼働するため、可用性がきわめて高いが、コストも2倍となる。

・クラスタ

　クラスタは、複数のサーバーを一つのシステムとしてまとめ、協調動作させる仕組み。負荷分散や障害時の代替運用が可能になる。

・デュプレックスシステム

　主系（メイン）と待機系（サブ）の２つのシステムで構成される。通常は主系が稼働し、故障時に待機系が代わりに動作することで、障害時の対応を行う。待機系は通常時は他の処理を行うことも可能

　どの構成も、ペアとなる機器が稼働しているかを一定時間ごとに確認する**ハートビート**を発信する

サーバーはたくさんの人にサービスを提供するから、停止しないようにいろいろな工夫をしているの。
デュアルシステムは、完全２重化することで、信頼度は上がるけど、コストも管理手間も２倍かかるの。**クラスタシステム**は、多くのサーバーで一つのタスクを処理すること。**デュプレックスシステムは、メイン系**に異常が起こったら**待機系**がバトンタッチして稼働するシステムよ。一時サービス停止するかもしれないけど、その時間は短いわ！

巧みな構成で、サーバーが停止しないようにしているんだね。

停止する原因の一つに、ファイルを記録している補助記憶装置の**HDD**が壊れることがあるんだ。HDDは物理的に中のディスクが回転しているから壊れやすい。だから、**RAID**といって、壊れにくい仕組みで動かすんだ。RAIDには次の種類がある。

攻略ノート

● RAID

補助記憶装置が壊れた時にファイルが失われないようにする技術。

・RAID0（ストライピング）

　複数の装置に、データを装置の数だけ分割し、同時に書き込む。読み書きの速度が速くなる。1TBの装置が2台あると合計2TBを理論上は2倍の速さで読み書きできる。

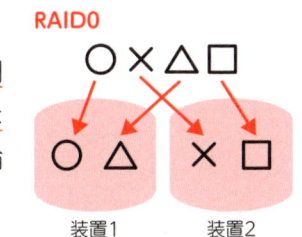

RAID0

装置1　　装置2

・RAID1（ミラーリング）

　2台以上の装置に同じ内容を同時に書き込む。一つが壊れても大丈夫。1TBの装置が2台あると合計1TBが普通の速さで読み書きできる。

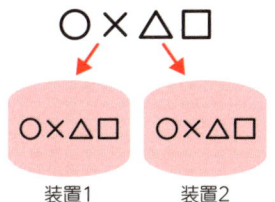

RAID1

装置1　　装置2

・RAID10（RAID1+0）

　RAID0と1を組み合わせたもの。RAID1を2重にして、安全にする。データの冗長性とパフォーマンスの向上を同時に実現できる。ストライピングのために2台、その2台をミラーリングするために2台、計4台の装置が必要になる。

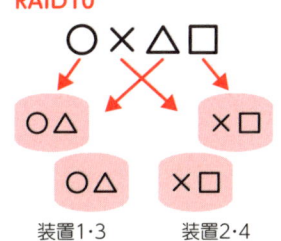

RAID10

装置1・3　　装置2・4

・RAID5（パリティレイド）

　3台以上の装置を用意し、1台は誤り訂正情報を書き込む。他の装置はRAID0で、分散して書き込む。情報の1か所が壊れても誤り訂正情報から修正可能。複数個所が同時に壊れると修復不能。

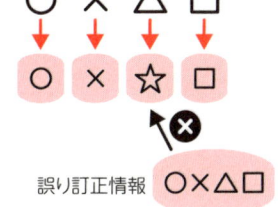

RAID5

誤り訂正情報

1TBの装置が4台あると、3TBをやや速く（誤り訂正情報を計算する分が遅い）、やや安全に読み書きできる。パフォーマンス、コスト、およびデータ保護のバランスが良い。

 次はもっとすごい技術・**仮想化**よ！

攻略ノート

●仮想化

　一台の物理的なコンピュータ上で複数の仮想マシンを同時に実行する技術。

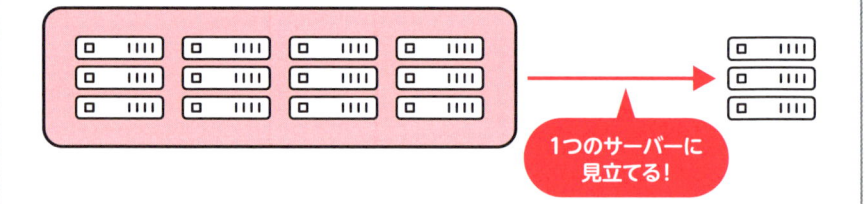

1つのサーバーに見立てる！

・**ホスト型**

　OS上に仮想化ソフトをインストールして仮想環境を作る方式。土台となるOSを**ホストOS**という。

・**ハイパーバイザー型**

　ハードウェア上に直接ハイパーバイザー（仮想化ソフト）をインストールし、複数の仮想マシンを動かす。パフォーマンスが高い。

・**コンテナ型**

　OSの機能を利用してアプリケーションごとに分離された環境（コンテナ）を作成する。軽量で高速な仮想化。

仮想化技術は、1台の高性能なコンピュータの上で、性能を小分けしたコンピュータを動かしてしまう技術なの！　土台になるコンピュータを**ホストコンピュータ**というのよ。小分けされて動くコンピュータは**仮想マシン**、または、**ゲストコンピュータ**と呼ぶわ。

仮想化技術の中でもまず理解してほしいのが**リモートコントロール**だ。これは他のパソコンを**遠隔操作**する技術で、1台のホストコンピュータを複数台の仮想マシンに分割して複数人で操作するときなどに使われる。

6

ハードウェアとソフトウェア　ITの両輪を回せ

攻略ノート

● VM（Virtual Machine：仮想マシン）

　物理的なコンピュータの中に作られた仮想的なコンピュータ。実際のコンピュータのようにOSやアプリケーションを動作させることができる。仮想マシンにインストールされたOSを**ゲストOS**とよぶ。

● ゲストOSの操作はリモートコントロール

　ネットワーク経由で他のパソコンを操作することをリモートコントロール（遠隔操作）といい、ゲストOSは主にこの方法で操作されることもある。

遠隔操作とかリモートコントロールって、セキュリティでは、ハッカーが最も乗っ取りたいサービスの一つだったね。リスクもある技術だと思ってたけど、仮想化ではこんなふうに使われるんだね。

リモートコントロールで接続した仮想マシンは、操作者からみたら、一台のコンピュータを操作しているのと同じよ。仮想マシンの作り方は、ホストコンピュータがインストールしたOS（**ホストOS**）で仮想マシンを作る**ホスト型**、ホストOSを仲介しないで直接仮想マシンを構築する**ハイパーバイザー型**、ホストOSの上に仮想のアプリ動作環境を作って、リモート操作するユーザーにはアプリのみ提供する**コンテナ型**があるの。コンテナ型はゲストOSを必要としないわ。

 どう見てもハイパーバイザー型が良いと思うんだけど。

 OSもインストールされていないマシンを直接操作するにはスキルが必要で、専用のハードウェアも必要となる場合があるし、コストがかかるのよ。

 複数のコンピュータで**クラスタ構成**された仮想サーバーがあれば、仮想マシンが停止することはほとんどない。まさに「絶対止まらないシステム」ができるのだよ。

攻略ノート

●クラスタ構成

仮想化のホストコンピュータを複数のサーバーで構成する。

→ホストの一台が壊れても大丈夫。性能を上げるため1台追加することもできる。

 クライアント側の仮想化技術もあるのよ。**シンクライアント**といって、仮想マシンに**デスクトップ環境**を作って、手元のパソコンからリモートコントロールで操作できる技術よ。手元のパソコンが壊れても他のパソコンから接続すればいいからセキュリティ面で安心なの。**デスクトップ仮想化 (VDI)** ともいわれているわ。

攻略ノート

●クライアントのシステム構成

クライアントサーバー型システムのクライアント側の構成。

・**シンクライアント**

　仮想マシンにクライアントのデスクトップを構築して、手元のパソコンは、ネットで仮想マシンに接続する機能が動作するだけの性能でよい。操作はリモートコントロール。

【メリット】

　手元のパソコンが壊れても、他のパソコンから仮想マシンに接続すれば良い。

　ファイルも仮想マシンに保存するので、パソコンを盗まれてもリモートコントロールにログオンされなければ情報漏えいはしない。

【デメリット】

　ネットに接続できないと利用できない。

 サーバーもクライアントも仮想化か……。仮想化ばかりの世界だ。

 あと、**ウェブシステム**も押さえておくといいわ。いわゆる**クラウドシステム**というもので、システムをネット上で動かせるものなの。ブラウザさえ使えればどのパソコンからでも利用できるから、クライアントの仮想化も不要になるわ。

 その分、セキュリティが重要度を増すってことだね！

 さて、ここまでの復習として演習問題を解いてみましょう！（演習問題については7ページの案内をご確認ください）

まとめ

- システムの構成は、利用形態・処理形態から覚えよう。
- 仮想化技術は、1台を複数台・少ない台数を多い台数に見せる技術。

6

ハードウェアとソフトウェア　—ITの両輪を回せ

システムの評価

 システムのハードウェア・ソフトウェア、そして構成も決めたとして、それがきちんと目的にあっているかを評価する視点も大切よ。

 そうだな。性能もそうだが、信頼性や経済性などの視点も評価のポイントになるんだ。

 まずは、性能評価から見てみましょう！

攻略ノート

●性能評価

・レスポンスタイム（応答時間）

システムに対して何らかの操作（例：ボタンを押す、検索を実行する）を行ってから、その結果が返ってくるまでにかかる時間。体感するシステムの「反応速度」。

・ベンチマーク

システムやコンピュータの性能を測定し、他と比較するための基準。ベンチマークテストの結果を使うことで、どのシステムがより高性能かを客観的に判断できる。

処理速度やデータ転送速度などを専用のプログラムを使って測定。

 システムの体感スピードともいえるのが**レスポンスタイム**よ。例えば、検索サイトだと検索キーワードを入れ終わったあと、検索ボタンを押してから検索結果が表示されるまでの間の時間が速いとサクサク動いてる感じがするでしょ。

 それは大事だね！

 どんなに**高機能**で**可用性**が高くても、遅いと評価は下がるんだ。

 次に全体の速度を測る**ベンチマーク**。例えばパソコンの性能はCPUやメインメモリや補助記憶装置の様々な要因で速度が決まるけど、総合的にどのパソコンが快適に使えるかを知りたければ**ベンチマーク**による評価の結果が参考になるわ。ネットをするならネットに速くつながるパソコン、ゲームをするなら画像処理が速いパソコンを選ぶでしょ。

 そうだね。ネットをするだけなら、そんなに補助記憶装置の容量が大きくなくてもいいから、ネットに速くつながってくれるパソコンがいいよね。

 次は、きちんと止まらずに動作するかの**信頼性**の評価よ。

攻略ノート

●稼働率

　システムが正常に稼働している時間の割合。稼働率が高いほどシステムの信頼性が高く、安定して動作しているといえる。

例えば、70時間の中で、30時間後に1回目の故障が発生して5時間で修復、今度は33時間後に2回目の故障が発生して2時間修復した場合の稼働時間は？

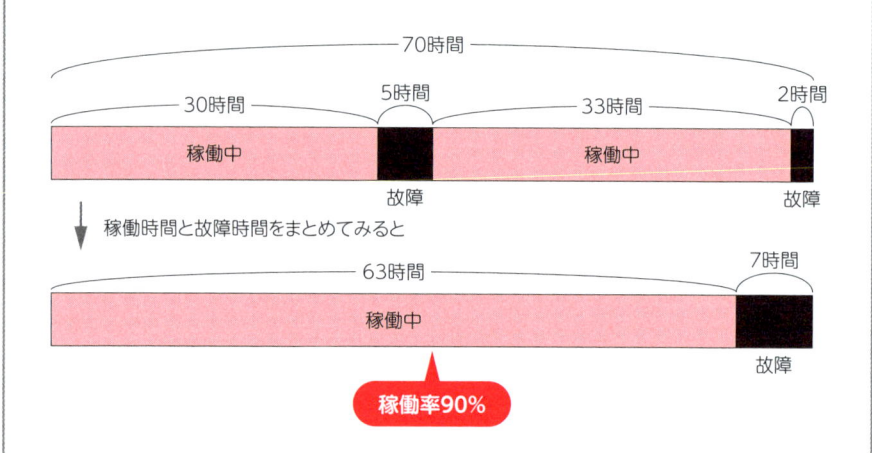

①動いている時間が30+33=63時間、止まっている時間が5+2=7時間。
②70時間のうち63時間の割合を計算すればよいから

　63÷70=0.9

　パーセントに直して、0.9×100 (%) =90%

　→90%の稼働率

　このまま100時間動かしていたら90%の時間、つまり90時間は動くけど10%の時間、10時間は止まっているだろうという予測になる。

 この例の稼働率90%って、優秀にみえるけど、そんなにシステムが停止していたら話にならないね。

 稼働率は99.99%はほしいよな。つまり10000時間で考えると9999時間動作して、1時間停止していることになる。10000時間を1日（24時間）に換算すると、416日だから1年2カ月間で1時間停止しているのなら優秀ということだな！

 次は**故障率**よ。

攻略ノート

●故障率

システム、または、機器に1時間内に故障が発生する確率。故障率が低いほどシステムの信頼性が高い。

例えば、70時間の中で、30時間後に1回目の故障が発生して5時間で修復、今度は33時間後に2回目の故障が発生して2時間修復した場合の故障率は？

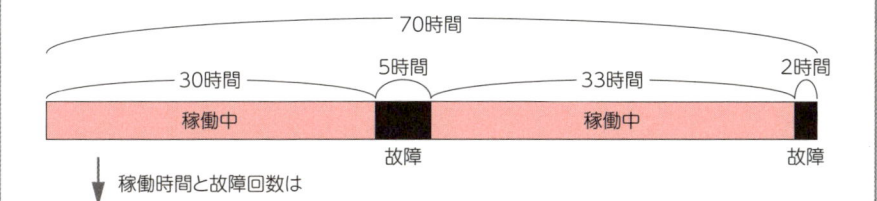

①動いていた時間30+33=63時間だから63時間に2回故障している

②63÷2=31.5 つまり、31.5時間に1回故障している

③1時間あたりだと、

1÷3.15=0.0317……

パーセントに直して、0.0317×100（%）=3.17

→3.17%の故障率

 1時間あたりの「回数」というのが少し引っかけね。

6

ハードウェアとソフトウェア ─ ITの両輪を回せ

 この例だと、1時間ごとに100本のくじを引いて、3本くらいがハズレになるようなものだ。1時間に3本だぞ。はずれを引くと停止する、怖くて使ってられないシステムだな。

 次は**平均故障間隔 (MTBF)** よ。

攻略ノート

●平均故障間隔 (MTBF : Mean Time Between Failures)

　システムの故障から次の故障までの平均的な間隔。つまり、故障と故障の間の正常動作時間の平均。MTBF が長いほどシステムの信頼性が高く、故障しにくい。

　例えば、70時間の中で、30時間後に1回目の故障が発生して5時間で修復、今度は33時間後に2回目の故障が発生して2時間修復した場合のMTBFは？

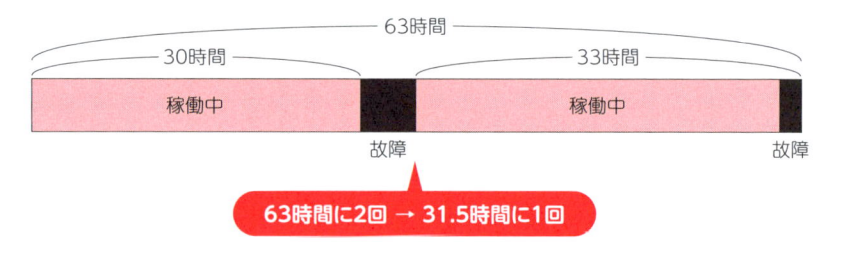

①動いていた時間 30＋33＝63時間だから63時間に2回故障している
②63÷2＝31.5 つまり、平均したら31.5時間に1回故障している
　→MTBFは31.5時間

 これは簡単だな。

それが、似たような名前の**MTTR（平均修復時間）**というのもあるのよ。

攻略ノート

●MTTR (Mean Time To Repair：平均修復時間)

故障が発生してから修復されるまでにかかる平均時間。MTTRが短いほど、システム修復が早く、障害からの回復が迅速。

例えば、70時間の中で、30時間後に1回目の故障が発生して5時間で修復、今度は33時間後に2回目の故障が発生して2時間修復した場合のMTTRは？

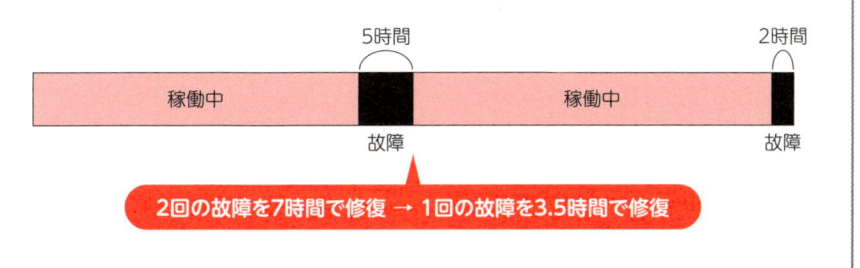

2回の故障を7時間で修復 → 1回の故障を3.5時間で修復

①1回目の故障は5時間、2回目の故障は2時間で修復

②2回で5+2＝7時間の修復時間がかかっている

③1回あたり7÷2＝3.5

　→MTTRは3.5時間

MTBFが動いている時間の平均、MTTRが故障している時間の平均だから、今までの70時間の例だと平均して31.5時間動いて3.5時間停止していることになる。35時間のうち、31.5時間動いているから、稼働率は90％（計算式は次ページ）と、こちらからも稼働率を計算できるのよ。

6

ハードウェアとソフトウェア　ITの両輪を回せ

●稼働率とMTBF・MTTRの関係

MTBFが31.5時間、MTTRが3.5時間の場合の稼働率は？

①稼働率＝MTBF/(MTBF＋MTTR)

稼働時間と故障時間の合計は、31.5+3.5=35時間

②35時間のうち31.5時間稼働している

③31.5÷35=0.9

パーセントに直して、0.9×100 (%) =90

→90%の稼働率

 なるべく稼働率を高くすることを考えれば、システムの信頼性は高くなるってことだね。

 稼働率を上げるのは、そんなに簡単なことじゃないぞ。コストとの勝負だ！

攻略ノート

●稼働率を上げるには

・**冗長化**

重要な部品やシステムを二重化し、一方が故障してももう一方で稼働できるようにする。

・**定期メンテナンス**

定期的にシステムを点検し、潜在的な問題を早期に発見・修正する。

・**監視システムの導入**

　システムの状態をリアルタイムで監視し、異常が発生した場合にすぐに対応する。

・**バックアップとリカバリの強化**

　データやシステム設定のバックアップを定期的に行い、障害時の復旧を迅速に行う。

冗長化は、つまり2重化ね。1つが壊れても、もう1つがフォローするから動いている状態をキープできるわ。**定期メンテナンス**は予防保守ともいって、壊れる前に壊れそうな箇所を発見、修繕するのよ。
監視システムの導入は、異常があったら即発見し、修繕できる体制を整えるの。
バックアップやリカバリの強化も同じね。万が一故障しても、すぐに直せるように部品や代替品を用意しておいたら、停止時間を大幅に短くできるわ。

稼働率を上げるにもこれだけやらないとだめなんだ。でもそのおかげで社会のシステムは停止することなく動いている。「動いていて当たり前」を支えているシステムと、それを運用している人には感謝だな。

システムを安全に設計しているか？　というのも評価の一つよ。安全性を保つための主な設計を見てみましょう。

攻略ノート

●稼働率向上のための構成

・**フェールセーフ (Fail Safe)**

　システムや機器に故障や異常が発生した場合でも、安全な状態に移行する設計。

例：エレベーターが故障

　　→脱出できるように、ドアが開いたままの状態で停止

6

ハードウェアとソフトウェア　—ITの両輪を回せ

停電時

　→UPS（無停電装置）が作動し、システムを一定時間動作させた後、安全にシャットダウンする

・フォールトトレラント (Fault Tolerant)

　システムの一部に障害や故障が発生しても、全体としては正常に機能し続けられるような設計。

例：インターネット回線の切断

　　→ある経路が切断しても、別の経路で情報を届けられる。

　　冗長化（多重化）

　　→一つが故障してもシステム停止しない。

・フールプルーフ (Fail Proof / Fool Proof)

　人間が誤った操作を行ってもシステムが問題を起こさないようにする設計。

例：電子レンジ→扉が開いていると動作しない。

　　ヘアアイロン→消し忘れても、自動で電源が切れる。

 ここでも冗長化の話が出てくるね。

 ２重構成（冗長化）とした場合、何かあったときに切り替わるサブ系の待機方法は２種類あるのよ。障害時に電源を入れて起動させたり、他の処理をさせていて即座に切り替えられない「コールドスタンバイ」と、常にメインと同じ動きをして即座に切り替える「ホットスタンバイ」よ。
最後のポイントは経済性。システムのコストについて学びましょう。

攻略ノート

●システムのコスト

・初期コスト

システムを導入する際にかかる最初の費用。

→ハードウェアやソフトウェアの購入費、設置・設定作業費、操作研修などの教育費用。

※エンジニアさんの作業費は1人月*という単位で計算。つまり、1カ月で働くと○○万円というように人件費を計算する。

・運用コスト

システムを日常的に運用・維持するための費用。システムを使い続ける限り定期的に発生する。

→保守・メンテナンス費用、電気代、人件費、ソフトウェアのライセンス更新費

・TCO (Total Cost of Ownership：総所有コスト)

システムの導入から廃棄までにかかる総合的な費用 (初期コストと運用コストを含めた全体のコスト)。

→長期的にどれくらいの費用がかかるか (例えば、5年・10年のスパン)を検討することが重要。

システムは購入して動かしたら、ハイ終わりではないんだ。

初期コストでは、ハード・ソフトの費用はもちろんだが、それらを設定するエンジニアの作業費も大きくかかる。システムの操作訓練の費用も見落としがちだ。

なるほど。

＊**人月**：1人月が100万円といった場合、作業員1人の人件費が月額100万円であることを意味する。

運用でも、**運用コスト**が発生する。保守サービス料や保険代、運用作業する人件費がかかる。ここでも見落としそうなのが、システムのバージョンアップ代や、古くなるパソコンの入れ替え代、セキュリティソフトや各種サービス（GitHub、生成AI、クラウドストレージサービス、レンタルサーバー）などの月々のサブスク代も必要になる。最近は初期コストではなく、サブスクでコスト回収するビジネスモデルが多いから要注意だ。

HDD内容の完全削除や、SDDのセキュアイレース作業など、破棄にもコストがあるから注意ね。

コストといっても色々あるんだな！

さて、ここまでの復習として演習問題を解いてみましょう！（演習問題については7ページの案内をご確認ください）

まとめ

- システム評価は、性能・信頼性・経済性を評価する
- 信頼性を評価する指標は計算できるようにする

データベースで
情報を管理しよう！

●図書館にて…

第 7 話で学ぶのはこんなこと！

　システムで大切なのは、ソフトでもハードでもなく、データといわれています。そのデータを効率よく安全に記録しているのがデータベースです。

　この単元では、データベース方式や設計、データ操作、トランザクション処理までの幅広い範囲について解説します。しっかりと基礎基本を押さえることが、ITパスポート合格への近道です。

POINT ① データベースの関連用語を覚えよう

　データベースの種類などの名称を押さえておきましょう。単語数は多くありません、しっかり覚えましょう。

POINT ② データ操作は、実際に操作をして覚えよう

　データ操作を学習するときは、データを手元に自作するなど、実際に操作を再現しながら行うと良いです。

POINT ③ トランザクション処理は流れを重視

　トランザクション処理や障害回復は全体の流れを把握し、1つひとつ理解しながら覚えましょう。

データベースって何？

システムは、ハードウェアとソフトウェアが要素となって、ネットワークでつながりながら動くというところまで見えてきたわね！

そうだね。どんなものでもこの3つの要素で成立しているんだね。

それともう1つ、4つ目の要素となるのが、これから学ぶ**データベース**よ。SNSで投稿した文章や、ATMで取引した履歴や残高、レジのシステムで処理された売上データなど、いろんなデータの巨大な保管場所の役割があるのよ。

膨大な容量のデータを保管する場所があるからこそ、システムも動くんだね。

多量の情報を保存するだけでなく、その中から必要な情報を素早く抽出することも必要なの。早速勉強しましょう！

攻略ノート

●データベースとは

決まった方法でデータを集めて整理したもの。次のような機能がある。

・情報を効率的かつ組織的に管理し、必要なときに容易にアクセスできる。
・複数のデータを一元管理し、データの重複や矛盾を防ぐ。
・複数のユーザーやアプリケーションで同じ情報を共有。
・データの正確性、一貫性を保証。
・データのアクセス権や権限を管理し、情報の漏洩（ろうえい）や不正アクセスを防止。

●データベースの特徴

・**データの一貫性**：データの同時更新の制御、データの整合性を保つためのルール（制約条件）を設定できる。

・**データの独立性**：データとアプリを分離して、データの変更による影響を最小限に抑えることができる。

・**データの検索性**：高速かつ柔軟にデータを検索、抽出できる。

・**データの同時アクセスの制御**：複数のユーザーが同時にデータを操作できるようにし、データの競合や矛盾を防ぐ。

 **データベース**は、たくさんのデータを一手に管理しているの。ただし、データを正しく管理しないとスムーズに検索ができなくなったり支障が出たりするから、同時更新の制限やアクセス制限といった機能も持っているのよ。

 データをただ保管しているだけじゃないんだなぁ。

 **データベース**は、たくさんのデータを扱うから、**データベース**自体を管理するシステムと一体になっているわ。**DBMS**と略されて呼ばれるの。**データベース（DB）**を**マネジメント（M）**する**システム（S）**ね。「データベース」は、DBMSのことを指すこともあるのよ。

攻略ノート

●DBMS (Database Management System)

　データベースの作成、管理、操作を効率的に行うためのソフトウェア。**データベース**とアプリのやり取りする仕組み（インターフェイス）を提供したり、データの整合性やセキュリティ、効率的なデータ操作を保証してくれる。

　データの効率的な管理、検索の高速化、整合性の保証、安全性の確保、そして、**バックアップ**と**リカバリ**なども提供する。

 データの収納方法にも次のような種類があるのよ。

攻略ノート

●データモデル
データを論理的に表現するための枠組みやルールのこと。

・階層型データモデル
データを階層構造(ツリー構造)で表現する。親子関係が明確であり、各レコードが親ノードを持つ。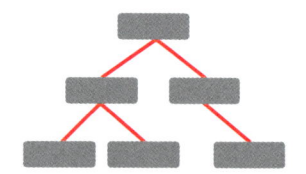

・ネットワーク型データモデル
階層型データモデルの親子関係に加え、多対多の関係を持てるようにしたモデル。ノード(データ)が複数の親を持つことができる。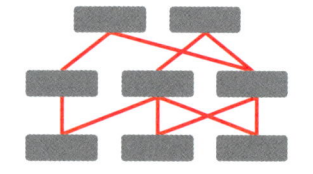

・リレーショナルデータモデル
テーブル(行と列)でデータを表現し、各テーブルはキーを使って相互に関連付けることができる。単純でわかりやすい構造を持つため、他のデータモデルと比べて管理や操作が容易であり、多くのデータベースシステムで採用されている。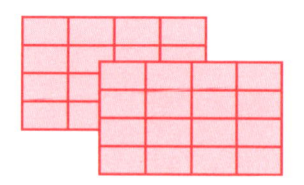

ただ箱にしまっているようなイメージだったけど、複雑なんだね。

そうよ。**データベースマネジメントシステム (DBMS)** というくらいだから、マネジメント (管理) も重要な機能なのよ。データベースの管理の機能については次のポイントを押さえるといいわ。

攻略ノート

●何をマネジメントするのか？

・データ操作の簡便化

　アプリなどがデータの物理的な格納方法を意識せずに操作できるよう、データの定義や操作方法を簡単にしてくれる。

・データの一貫性維持

　データベースの状態を一貫した形で維持するために、ACID (Atomicity、Consistency、Isolation、Durability) 特性* を機能させる (4つの特性は後ろのページで解説しています)。

・同時アクセスの制御

　複数のユーザーが同時にデータを操作できるよう排他制御 (ロック)*やスケジューリングをしてくれる。

・データアクセスの高速化

　データアクセスを高速化するために索引 (インデックス) を利用し、検索や更新の効率を向上してくれる。

次にシステムに利用されている主なデータベースの種類も押さえておきましょう。

* **ACID特性**：データベースの信頼性と安全性を保障する特性。
* **排他制御**　：1件の同じデータを複数の人が同時に更新しないように制御すること。

7

データベースで情報を管理しよう！

攻略ノート

●主なデータベース

・RDBMS (Relational Database Management System)

一覧化された構造化データの管理、SQLの使用、データの整合性の保証、トランザクション処理*を管理しACID特性を保証することでデータの信頼性を確保する。

→代表的な製品：MySQL、PostgreSQL、Oracle Database、Microsoft SQL Server

・NoSQL

RDBMS以外のデータベース管理システムの総称。大量のデータ処理やリアルタイムなアクセス、文章や画像などの非構造化データの管理に向いている。

・キーバリューストア (KVS：Key-Value Store) 型データベース

NoSQLの一種。データをキーとバリューのペアで管理し、キーを使ってデータを高速にアクセスできる。

・ドキュメント指向データベース

データを文書 (ドキュメント) 単位で管理するデータベース。各ドキュメントはキーを持ち、JSONやXMLなどの形式でデータを保持する。

・グラフ指向データベース

ノード (データの単位) とエッジ (ノード間の関係) を用いてデータを管理するデータベース。複雑なデータ間の関係性を直感的に表現できる。

---

*トランザクション処理：データを操作する一連の処理。例えば銀行口座へ入金処理だと、入金履歴追加→口座残高へ加算の処理。

 こんなにあるんだ。

 主流は、**RDBMS**ね。データは**表**ごとに管理するの。
例えば、社員情報だと、社員番号と氏名と所属部署を**列名**にして10人なら10行の表になるの。

攻略ノート

●RDBMSのデータ例

　列名にはデータを意味を表す名前、行にはデータそのものが入っている。

　同じ社員番号は登録できない、社員名で検索する機会が多いから索引（インデックス）を作っておくといった管理もできる。

社員番号	社員名	所属部署
1	佐藤	営業
2	鈴木	事務
3	高橋	事務
4	田中	営業
5	伊藤	営業
6	渡辺	営業
7	山本	事務

 考え方は簡単だな！

 そうね。仕組みは簡単だけど、データベースにデータを収納するときには次のことに注意するのよ。

攻略ノート

●データの洗い出しと整理

　システムやプロジェクトに必要なすべてのデータを把握し、それを体系的に整理する作業。データベース設計やデータ分析を行う上で非常に重要。

- **目的の明確化**：どのデータが本当に必要で、どのデータが不要なのかを判断する。
- **データの把握と理解**：各データの意味や用途、データ間の関係を理解し、データを正しく管理・運用できるようにする。
- **データの重複と冗長性の排除**：データの管理を効率化し、無駄なストレージや計算資源の使用を抑える。
- **データ構造の整理**：データがどのように関連しているかを整理し、論理的なデータ構造を定義する。データの結合や参照が容易になる。
- **データの品質向上**：データの誤りや欠損を特定し、クレンジングを行うことで、正確かつ信頼性の高いデータを確保する。

前ページの社員情報の例だと、なぜ社員情報を**データベース**に入れるのかの目的をはっきりさせ、社員情報で必要なものは「社員番号と氏名と所属部署」だとデータを把握し絞る。同じ部署の人がたくさんいるなら、別に部署一覧を「部署コードと部署名」で作り社員情報は所属コードで管理して、ストレージを節約するといった感じかしら。

攻略ノート

●RDBMSのデータ例

・列名で各データの意味を理解

・「社員名簿」表で所属部署のように同じデータが繰り返される場合 (例: 「営業」「事務」)、文字で登録せず、コードを割り当てて管理します。別途 「部署」表を作成し、コードと部署名を対応付けて管理します (データ構造の整理)

・部署名と名簿の2つの表の構造を理解する

部署

部署コード	部署名
1	営業
2	事務

社員名簿

社員番号	社員名	所属部署
1	佐藤	1
2	鈴木	2
3	高橋	2
4	田中	1
5	伊藤	1
6	渡辺	1
7	山本	2

 ただ単純に情報を集めているのではなく、綺麗に整理整頓されて収納されているんだね。

 そうなの！ 取り扱うデータが整理整頓された状態になるようにデータベースを作るのがDB設計という作業なのよ。次の章で、よく利用されているRDBMSのDB設計について触れてみましょう。

さて、ここまでの復習として演習問題を解いてみましょう！ (演習問題については7ページの案内をご確認ください)

まとめ

・データベースは保管以外にも管理の機能がある

・収納の種類やデータ収納時の注意点も押さえよう

7

データベースで情報を管理しよう！

 RDBMS (リレーショナルデータベースマネジメントシステム) を例にデータベース設計について勉強するわよ!

 はい! よろしくお願いします。

 まずは、リレーショナルデータベース (RDB) で取り扱う要素を説明するわ!

攻略ノート

●RDBMS (リレーショナルデータベース)

テーブル (関係) として定義したデータを、行や列、キーなどを用いて一貫性を保ちながら管理するデータベース

●構成要素

①フィールド (項目:列)

例:社員テーブルの「社員番号」「社員名」「所属部署」など

②レコード (行)

1つのデータのまとまりを表す。

③テーブル (表)

複数のフィールドとレコードをまとめたもの。

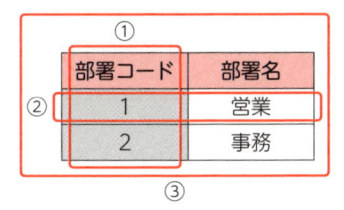

RDBMSは、表でデータを管理するから行と列があるわ。

まず、列は**フィールド**と呼ぶわ。縦にみると列名の意味のデータが入っているの。次に、行は**レコード**と呼ぶわ。フィールドの種類の情報が揃っているのよ。これらが集合して**テーブル**になるの。

このテーブルをたくさん関連づけてデータを蓄えるから、**関係（リレーショナル）データベース**といわれているのよ。

関連付けがポイントだね。

RDBMSもOSから見たら一つのソフトだから、たくさんのテーブルを記憶するには、ファイルに保存する必要があるのよ。

攻略ノート

● RDBMS の情報の保存

・ファイル

情報はファイルとして補助記憶装置に収納される。

・物理ファイル

補助記憶装置上に存在するファイル。データベース管理システム (DBMS) が OS の機能を利用してデータを保管する。

・論理ファイル

RDBMS が利用しやすいように物理ファイルをメモリ上で変化させたファイル。アプリは論理ファイルを通してデータにアクセスする。

 OS 上で動いているから、たとえ重要な役割の **RDBMS** といえども、アプリと同じ扱いなんだね。

 OS が扱えるファイルは**物理ファイル**というのよ。複数のテーブルを一つのファイルに入れたり、一つのテーブルを複数のファイルにしたりするの。**DB** から見た扱いやすい単位を、**論理ファイル**というわ。
続いて、**RDBMS** の列についての関連用語を見ていきましょう。

攻略ノート

●キー

フィールド (1つでも複数でもよい) を 1つにまとめたもの。

●主キー (Primary Key)

　データベース上のデータを一意に識別するための項目のこと。次のような特徴がある。

- **一意性 (ユニーク)**：唯一無二であること。例えば、ABCDEAF の英字列の場合、A は**ユニーク**とは言わない (2 回登場するから)。**主キー**に設定したフィールドには、同じ内容を持つレコードが存在しないことを保証する。
- **NULL 値を持たない**：NULL 値とは、値が空であること。**主キー**に設定したフィールドの行は、NULL (空の値) を持つことができない。

●インデックスキー

　検索やデータ取得を高速化するためのキー。例えば、本の中の情報を探すのに 1 ページ目から探すより、**索引 (インデックス)** を見てからページを開いた方が早く情報にたどり着けるが、このときの索引に相当する機能を持たせられる。

　→主キーはインデックスキーにもできる。

　主キーに設定された**フィールド**を縦に見て、**テーブル**内に同じ値が無いことを**ユニーク** (唯一、一意) っていうのよ。また、空っぽのことを NULL (ヌル) というのだけれど、主キーのフィールドにはあってはならないわ。つまり、主キーとなる情報がわかっていれば、テーブルの中から一発でその情報を引き抜くことができるってわけね。

　一方、**インデックスキー**に設定されたフィールドは**ユニーク**でなくてもいいのよ。また、特定の情報しか入れられないようにするには、外部キーを設定するの。例えば先ほどの社員テーブルの部署部署フィールドにおいては、部署テーブルの部署コードにある情報しか入れられなくしたい場合に**外部キー**が役立つというわけ。

攻略ノート

●外部キー (Foreign Key)

　Aテーブルの Bフィールドが、Cテーブルの Dフィールドを参照する場合、Aテーブルの Bフィールドを外部キーという。外部キーの Bフィールドには、参照先の Dフィールドに存在しないものは入れられない。

　　→これを参照整合性の保証という。データの関連性を維持するルール（制御）として機能する。

そっか、特定の情報しか入れられないようにすれば、間違った情報が入ってきたりしないから、データのツジツマが合うんだね。

そう。プロっぽくいうと**参照整合を保証**しているっていうのよ。こんなにたくさんのことを考えながら、**データベース**は設計され、運用されているのよ！
さて、ここまでの復習として演習問題を解いてみましょう！（演習問題については7ページの案内をご確認ください）

まとめ

- ・リレーショナルデータベースの構成要素を押さえよう
- ・○○キーの関連用語は出題が多いので要チェック

データベースを操作しよう

 日頃、**データベース**から直接データを抽出することはないけれども、アプリやシステムがどのようにデータベースを利用しているのかは、試験に出題されるわ。

 個人情報漏えいとかは、この**データベース**からデータが抜かれるから起きるんだよね。

 そうよ、基本的なデータの操作を知っていて損はないわ！

攻略ノート

●テーブルの操作

　複数のフィールド（列）名とそのフィールドに入る情報の型（文字か数字かなど）を指定する。

●リレーショナルデータベースを操作する

　データベースの中のデータを操作するには、次の基本操作を行う。

●レコードの操作

　・**Insert（挿入）**

　テーブルに新しいレコード（データ行）を追加する。

 ※すでにある主キーの情報と同じ情報を入れようとすると、重複エラー。
　主キーの情報をNULL（空っぽ）にして挿入しようとしてもエラー。
　外部キーのフィールドデータが不整合になる挿入はエラー。

行を追加するときは、テーブルのフィールド (列) に対応する値をすべて指定する。指定しない場合は設定されているデフォルト値が入る。設定がなければ、「NULL」が入る。

 まずはデータを入れるテーブルを作る操作ね。テーブルを構成する列名や列の型を指定したり、**主キーのフィールド (列)** や**外部キー**のフィールド、**インデックス**などもテーブルを作るときに指定できるわ。あとからでも追加指定もできるのよ。
次に、**レコード**の操作。テーブルに新規にレコードを追加することを Insert (挿入) というの。

 主キーや外部キーのルールを守らないレコードを挿入しようとするとエラーになるのか……。要注意だな。

 次はすでにあるレコードを更新する場合の操作よ。

攻略ノート

●Update (更新)

既存の**レコード**の内容を更新する操作。特定の条件に一致するデータの属性を変更する。

※更新条件を指定しないと、テーブル内のすべてのレコードが更新されるため注意が必要。

▼社員テーブル (主キーは社員番号、外部キーは所属部署)

社員番号	社員名	所属部署
1	佐藤	1
2	鈴木	2
3	高橋	3

- 「社員名が佐藤であれば、加藤に更新」とすると　社員名「佐藤」を探して、加藤に更新する（佐藤さんがたくさんいたら、みんな加藤さんになる）
- 間違って、「社員名を加藤に更新」とすると、全員加藤になる。また、**主キー・外部キー**でエラーとなる更新はできない

 更新操作は、どの**レコード**を更新するか条件をきっちり指定してあげないと、大変なことになるわ！　ノートにもあるけど、条件に「社員名＝'佐藤'」のレコードの社員名を「'加藤'」に変更する更新の操作をすると、全ての佐藤さんが加藤さんになるの。特定の佐藤さんを加藤さんに変更するなら、**主キー**の社員番号を使って「社員番号＝1 AND 社員名＝'佐藤'」と条件を指定すると、社員番号1番の佐藤さんを加藤さんに変更できるわ。

 条件の指定が大事なんだな。

 ちなみに、**Delete（削除）**は**フィールド**指定なしで削除対象の**テーブル**名と削除**レコード**の条件だけを指定するのよ。
そして、ほしい情報を選択する操作ね。

攻略ノート

● Select（選択）

テーブルの中から指定された条件に一致する**レコード**を選択する操作

※必要なフィールド（列名）のみを指定し、効率的にデータを取得することが望ましい。

▼社員テーブル（主キーは社員番号、外部キーは所属部署）

社員番号	社員名	所属部署
1	佐藤	1
2	鈴木	2
3	高橋	3

- 社員番号2番の所属部署の番号を知りたいときは、Select（選択）操作で、社員番号が2番の所属部署を選択と指定する

データベースで情報を管理しよう！ 7

・条件を指定しない・必要な列名も指定しないまま、選択操作すると、すべてのフィールドのすべてのレコードが抽出される。

　　→不要な情報を選択するとネットワークの負荷になったり、情報漏えいのリスクなどが増えイイコトなし。

 欲しい情報の条件と、どの**フィールド（列）**の情報が欲しいかを指定するのよ。もし、条件を指定し忘れたら、**テーブル**すべての情報を抽出してくるわ。もし、このテーブルに数百万件の**レコード**があったら大変ね。

 膨大な情報量となるから、抽出結果の通り道のネットワークなどに負荷をかけてしまうんだね。

 選択の操作には、射影と結合もあるのよ。

攻略ノート

●射影

テーブルから必要なフィールド（列）を指定して選択する操作。

→列名を指定して条件を指定しないSelect（選択）と同じ。

●結合

複数のテーブルを関連付けて、新しい表を作成する操作。

社員テーブル

社員番号	社員名	所属部署
1	佐藤	1
2	鈴木	2
3	高橋	2
4	田中	1

＋

部署テーブル

部署コード	部署名
1	営業
2	事務

＝

結合した「社員の部署テーブル」

社員番号	社員名	所属部署	部署名
1	佐藤	1	営業
2	鈴木	2	事務
3	高橋	2	事務
4	田中	1	営業

射影は、テーブルの指定の列をゴソッと取り出す処理だから、Select（選択）で条件指定なし・列名だけ指定したときと同じね。**結合 (Join)** は、2つ以上のテーブルを1つにつなげて見やすくしてくれる操作よ。

さて、ここまでの復習として演習問題を解いてみましょう！（演習問題については7ページの案内をご確認ください）

まとめ

- 操作方法とそれぞれの注意点を押さえよう
- 結合は試験に出やすいで確実に覚えよう

 データベースに対する追加や修正、削除は**トランザクション**という1つの処理単位にまとめて実行されるのよ。

トランザクション処理がないと困ることも多いの。このトランザクション処理については具体例で考えた方がわかりやすいわ。例えば、自分の銀行の残高が10万円だったとして、5万円入金して残高を15万円にしようとしたら、裏で同時にクレジット会社が7万円引き落としていて、3万円の残高になってしまっていた。同時に処理があったせいで入金した5万円はどこかにいってしまった………なんてことになったら大変でしょ。

だから、自分の入金の処理が終わるまで、クレカ会社の引き落とし処理は待ってもらう。その制御がトランザクション処理よ！

 こんな制御までやるんだ。**DBMS**ってすごいね！

攻略ノート

●トランザクション

データベースにおける一連の処理の単位。

すべての処理が成功するか、または失敗してすべてが元の状態に戻るまで、関係する情報を操作させないようにする。

●同時実行制御（排他制御）

複数のユーザーやプロセスが同時に**データベース**を操作する際に、データの整合性を保つための管理手法。

操作するレコードをロックする。操作しているテーブルをロックするなど、排他制御の範囲を調整できる。

トランザクション処理は関連するデータを占有して他に操作させないの。これを**同時実行制御（排他制御）**と呼ぶわ！

この制御があれば、さっきの例だと自分が5万円入金して残高が15万円になるまで、クレカ会社の引き落とし処理は、『待ち』状態となって、実行されないんだね！

その通り！　トランザクション処理においては**ACID特性**という次の4つの特性が大事だといわれているわ。

攻略ノート

● ACID 特性

トランザクションがデータベース内で一貫性を持って処理されるための4つの特性。データベースの信頼性と安全性を保障する。

・A：Atomicity（アトミシティ）……全部やるか、全部やらないか
・C：Consistency（一貫性）……ルールを守ること
・I：Isolation（独立性）……他の作業の影響を受けずに動く
・D：Durability（永続性）……一度保存したら消えない

DBMSって、いろんなことをしてるんだね！

トランザクションが完了したら、最後に**コミット**といって結果を確定させる指示を出すの。失敗したら**ロールバック**という指示を出すのよ。
さて、ここまでの復習として演習問題を解いてみましょう！（演習問題については7ページの案内をご確認ください）

まとめ

- トランザクション処理の特性を押さえておこう
- コミットとロールバックの違いを理解しよう

システムで**データベース**のデータが壊れて使えなくなることって最悪な事態なの。

銀行のデータベースが壊れて、銀行の残高が0円になってたら、もう目の前真っ暗だ……。

だから、**DBMS**は巧みな仕掛けで、直前の状態に戻せるようになっているのよ！　これでたとえ**データベースサーバー**の電源が突然切れてしまったとしても問題ないわ。

攻略ノート

●障害回復
　突然**データベース**が壊れても、壊れる直前のデータに復元できる仕組みがある。

・ログ（履歴）
　常に何をしているかのログ（履歴）を取っている（このログが命綱になる！）。

・チェックポイント
　補助記憶装置（主にHDDやSSD）に書き出していない主記憶の中にある情報を、電源が切れたら忘れないように補助記憶装置に書き出す処理。一定のトランザクションまたは定期的に自動で行われる（手動で行うことも可能）。

 まずは、常に最新の操作の**ログ（履歴）**を必ず記録するという仕組みよ。補助記憶装置にすぐ記録ができるのが一番だけど、まずは書き込み速度の速いメインメモリにログを記録するわ。**データベース**にデータを書き込むよりも前に、真っ先にログを書き込むのよ！

 ログを取るのはそんなに大事なんだね。

 メインメモリに記録しているログは、電源が切れたら消えてしまうでしょ。そのために**チェックポイント**という指示を出して、メモリの中に貯まったログを補助記憶装置に記録するのよ。この処理は、指示しなくても自動かつ一定間隔で行われているわ。
もう1つ、重要な仕組みが**データベース**を前の状態に戻す**リカバリ**よ。

攻略ノート

●リカバリ

・フォワードリカバリ（ロールフォワード）

　バックアップを取ったファイルからリカバリ（復元）をした場合、バックアップ時点にデータが戻るため、そこから最新までの差分をログ（履歴）を見ながら早送り（ロールフォワード）する処理。

・バックワードリカバリ（ロールバック）

　トランザクションの途中で、何らかの理由により、処理を中断したら、ログ（履歴）を元に処理前に巻き戻し（ロールバック）する。

突然**データベースサーバー**が壊れて、**バックアップ**から**データベース**を1日前に戻したとするわね。まず、1日前の状態からログを使って操作を早送りして、最新の状態まで持っていくのよ。
そして、最新に戻ったデータベースの状態に書き込まれている情報の中で、コミットされていない**トランザクション**、つまり作業途中だったものは**ロールバック**して、もう一度、ユーザーにやり直してもらうの。ログがあるから、作業を巻き戻すことができるわ。

なるほど、だからログが大切なんだ！　最新の状態にするためなんだね！ログが消えないように、細かくチェックポイントするといいんだね

でもチェックポイントは、CPUから見たら遅い補助記憶装置の書き込み完了を待つことになるの。

DBの処理速度が落ちるから、バランスも大事ってことか。

システムで大切なのは、ソフトでもハードでもなく、データと言われているわ。だから、そのデータを扱うデータベースは、様々な工夫を折り込んで作られているのね。
さて、ここまでの復習として演習問題を解いてみましょう！（演習問題については7ページの案内をご確認ください）

まとめ

- バックアップからの回復手段を押さえよう
- ロールバック・ロールフォワードの違いを理解しよう

アルゴリズムと
プログラミング
ITの頭脳を鍛えろ!

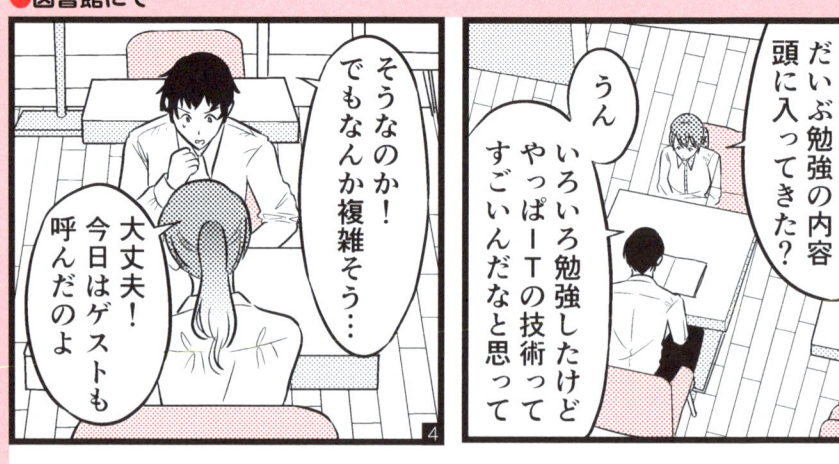

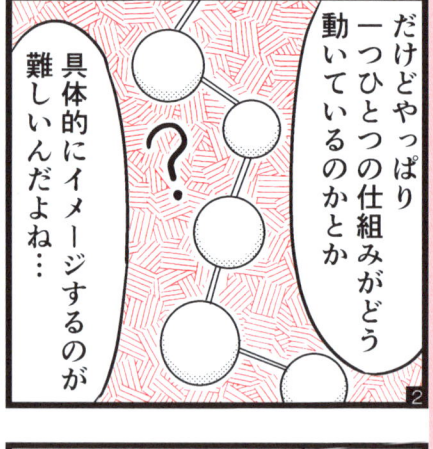

第8話で学ぶのはこんなこと！

ITパスポート試験で最大の難関とされるアルゴリズムとプログラム。出題数は少ないため、スルーするのも一案かもしれません。

でも、ここまで読み進めていただいた読者のみなさまには、1歩踏み込んでプログラムがどのようにできているのか学んでみてほしいのです。難関といわれるからこそ、差の付く単元でもあります。思い切って理解して得点につなげてしまいましょう！

さまざまな作業には手順がある

アルゴリズムは手順を文字や図表で表しているもの。普段意識しない動作や作業の手順を、意識して考えてみましょう。

「変数」の役割を見抜く

『変数』とは計算結果などの入れ物。変数の役割を見抜けるようになると、アルゴリズムは一気に「簡単」になります。

問題を解いて経験を重ねよう

プログラムやアルゴリズムは問題を解いた回数が正答率に直結します。基礎を理解したら過去問で慣れることが得点の近道です。

アルゴリズムって何？

 今日は、ITパスポート出題範囲で最難関といわれている「アルゴリズム」にチャレンジするわよ！ アルゴリズムは「処理の流れ」のこと。**プログラム**を作る際の基本よ。

 「処理の流れ」？

 例えば、横断歩道の歩行者向けの押しボタンがついている手押し式の信号機の動作の流れを考えてみましょう。歩道の信号機は赤や青に光ったり、消えたりするわよね。まず、信号が赤から青に変わるときどんな操作をしているか考えてみて。

 えっ、ボタンを押してしばらくしたら青に変わって……。

 いいえ、もっと細かく見るのよ。こんな感じね。

攻略ノート

●手押し式信号の制御のサンプル（一本道に横断歩道が1つ）

①歩行者に対して「青」の信号は消えていて「赤」が光っている。

②「ボタンが押されたか？」を判断し、押されたら③へ。

　　そうでなければ①へ。

③30秒待つ（すぐに青にしない）。

④「赤」を消す。「青」の信号を光らせて30秒待つ。

⑤次に「青」の信号を10回点滅する。

⑥①に戻り繰り返す。

信号機の動きを解析すると、こんな感じになるでしょ。この信号機の動作を表している「手順やルールの集まり」を、アルゴリズムっていうの。実は、この流れ方、「次に進む」「判断する」「繰り返す」の3種類しかないのよ。

攻略ノート

●アルゴリズムの3つの流れ

・**順処理**：上から下に順番に処理する。

・**判断**：条件を比較する。条件が正しいか、正しくないかの2通り。

・**繰り返し**：順処理・判断を含む一連の流れを繰り返す。

順序良く処理を流す、**順処理**。正しいか、それ以外かで処理を分岐する**判断**。処理の流れを戻して繰り返す、**繰り返し**ね。

なるほど、これまで意識したことなかったけど、確かにこの3つの流れで物事を考えているね。

ちなみに、「ボタンが押されたか？」を確認しているところは「**判断**」と呼ぶんだ。判断には、AかBかCかという、2者択一ではない判断もあるから注意だぞ。

この処理の流れの中で、注目すべきなのが「〈青〉の信号を10回点滅」するところ。「青」を点滅させるには次のような処理が必要よ。

攻略ノート

●「青」の信号を10回点滅

①点滅回数を0とする。

②点滅回数が10回になってたら⑦へ。そうでないなら次（③）に進む。

③点滅回数に1を加算。

④「青」の信号を0.5秒消す。

⑤「青」の信号を0.5秒光らせる。

⑥②に戻る。

⑦呼び出し元に戻る。

 アルゴリズムを表すのに最適なのが**フローチャート**よ。フローチャートは、プロセスや手順を図で順番にわかりやすく示したものなの！

攻略ノート

●3つの流れをフローチャートで表現すると

・順処理

　上から下に処理が流れていく。

・判断

　ひし形の中に書かれた条件の真・偽を判断する。

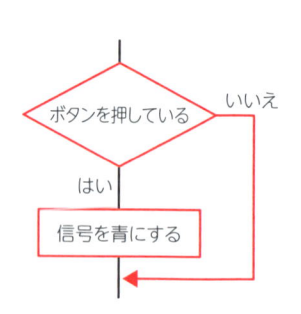

・繰り返し

　繰返し条件が正しい場合は繰り返す。繰り返す処理の前で繰返すかを条件判断するものは**前判定**、必ず1回は処理してから条件判断するものは**後判定**という。

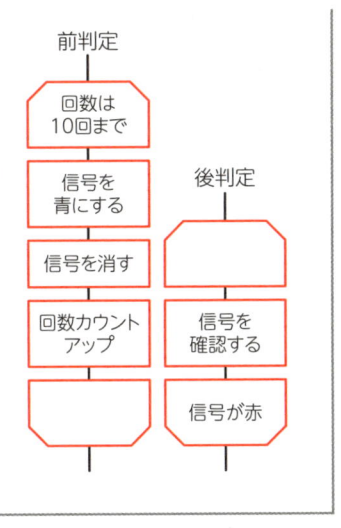

さっきの信号機の例の『〈青〉の信号を10回点滅』のところ、処理の流れを詳しく書いたでしょ。メインの流れには処理の名前だけ書いて、メインとは分けて詳しく書いた処理のことを「**関数**」とか「**メソッド**」っていうの。

攻略ノート

●関数

　メインから関数へ処理が渡り、関数の処理が終わったら、メインへ処理の流れへと戻る。

　右の図だと、「A処理」が関数。「起きる」→A処理に移動し、「顔洗う」「歯磨く」→メイン処理に戻る。

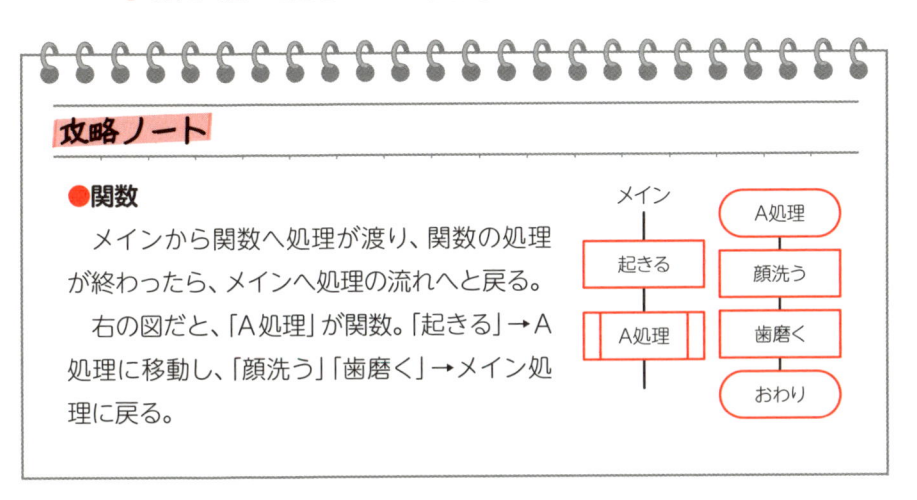

手押し式信号の流れをフローチャートで書くと、こうなるわ。

●手押し式信号の制御のフローチャート

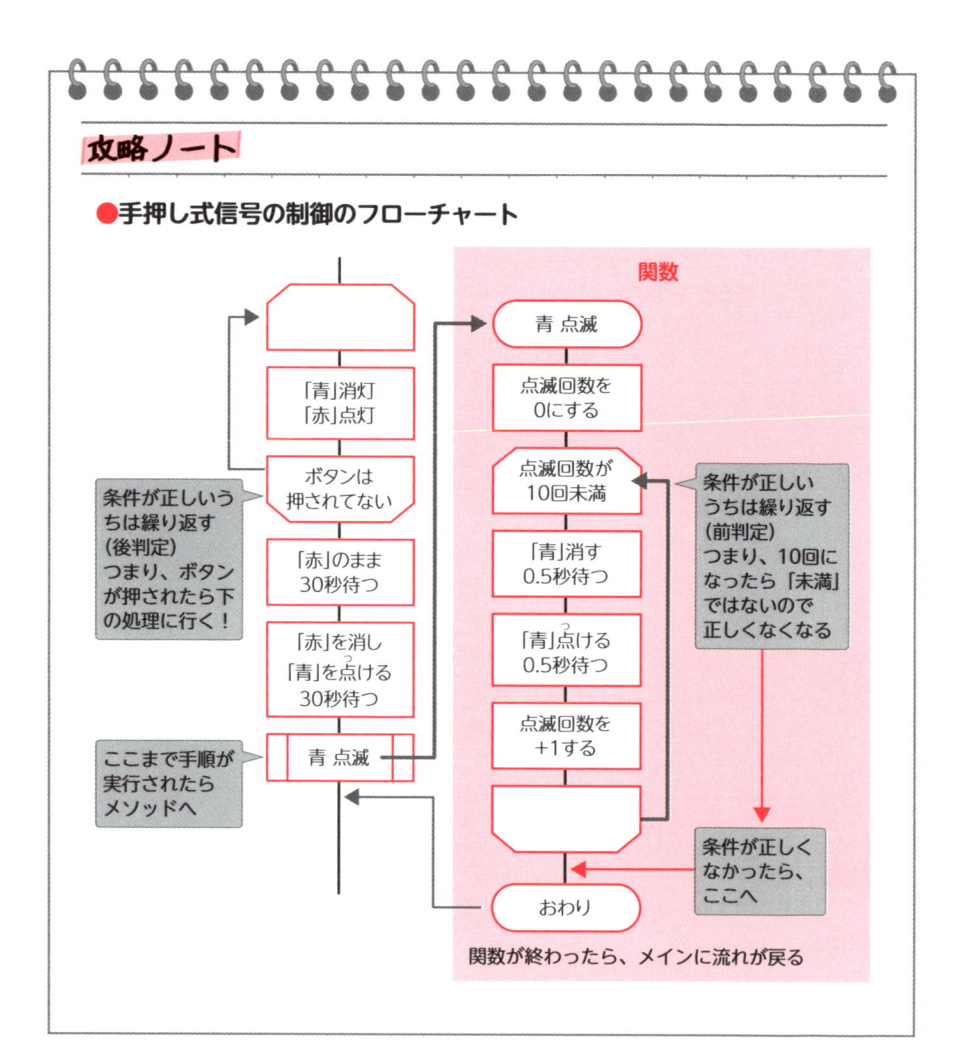

まずは、左側のメインの処理を、上から順に詳しく見てみましょう！　先頭に、繰り返しがあるわ。繰返しを表すペアの記号だけど、繰り返し開始時には空欄で、繰り返し終わりに文字が書いてあるでしょ。だから、後判定となるわ。

上から、処理が進んでくるから、まず2個目の処理がされるわ。ここで、信号のランプは「赤」だけ点いている状態ね。

次に、後判定の条件があるわ。ここでは、「ボタンが押されていない」が、正しければ繰り返すのよ。「正しいときは繰返す」ルールだから、正しければ先頭の繰返し始めの記号のところにに処理の流れが戻るのね。

つまり、ボタンが押されたときに、「ボタンは押されていない」じゃなくなる、正しくなくなるから、下に処理が進むんだね。ボタンが押されるまでは、ずっと「赤」を点けている状態ってことだ。

じゃあ、ボタンが押されたとすると、繰り返しを抜けてすぐ下の『「赤」のまま30秒待つ』を実行するわ。これは順処理だから何もなく進むわね。
次は「青」にする処理、『「赤」を消し「青」を点ける。30秒待つ』ね。そして、関数に処理の流れを移動するマークがあるから、「青　点滅」という関数に処理の流れが飛ぶのよ。これをメイン処理が「青　点滅」関数を呼びだすから、関数呼出って言うわ。

ここで、関数登場だ！

関数の先頭に処理が移動して、順に処理をする。先頭の長い横長の楕円のマークは関数のスタートを示しているだけよ。
次の処理は「点滅回数を0にする」よね。これは、10回まで点滅させるために、「今、何回目」かを覚えておくために使うのよ。『点滅回数』は、最初は0からスタートして、1回目、2回目……とカウントアップしていくの。

そうか、数えておかないと回数がわからなくなるよね。

次からが繰返し。今回は繰返し始めマークのところに文字があるから、前判定ね。直前で、『点滅回数』を0にしているから「点滅回数が10回未満」の条件は正しいわ。そこから繰り返し処理に入っていって、『「青」消す 0.5秒待つ』『「青」点ける 0.5秒待つ』ね。

これで1回だからあと9回繰り返すんだね。

次の流れにある「点滅回数を＋1する」はさっき「点滅回数」を0にしたからここで＋1にするということね。そのあとの、繰返し終わりマークは中が空白だから、繰返しの先頭に戻るだけよ。

アルゴリズムとプログラミング　ーITの頭脳を鍛えろ！

 そして先頭に戻って、「『点滅回数』が10未満」を判定すると、『点滅回数』は1回だから正しい。だから、もう一度繰返し処理に入るってことだね。

 これ何回か繰り返すと、『点滅回数』は10回になるわね。

 そうなると、先頭に戻ったとき、「『点滅回数』が10未満」を判定すると、『点滅回数』は10回だから正しくない。つまり、繰返し終わりマークの次に処理の流れが飛ぶんだね。

 その次は「関数の処理がおわり」というマークだから、関数を終えた処理の流れは、メイン処理に戻って関数呼出の次から処理をすすめるのよ。以上が、繰返しの後判定・前判定に関数、それに点滅回数を数えると、色々入ったフローチャートでした！

 このアルゴリズムには**変数**が登場しているな。

 変数？　なんだそれ？

 変数というのは、処理の流れの中で記憶しておかなければならない情報を入れておく入れ物のことだよ。メインメモリに覚える場所を確保しておき、処理の途中の情報を記憶するためのものなんだ。
このチャートだと「点滅回数」を覚えておく必要があるだろ？　その情報を記憶していくんだ。変数には型があって、**型**に合った情報しか入らないよ。

攻略ノート

●変数

処理で使う情報を入れておく入れ物。型があり、実数型 (小数も入る)、整数型 (小数は入らない)、文字列型などがある。

●配列

　同じ型の複数の変数を1つにまとめたもの。変数が横にずらっと並んでいるイメージ。

　左から1番、2番、3番と番号を付けて管理する。その番号のことを**添え字**または**インデックス**と呼ぶ。

※ITパスポート試験では番号は1番から数える（他の試験では、0番から数える場合がある）。

変数をたくさん使わないとダメなときは、配列って考えもあるのよ。配列のうち横一列に並んでいるものを**1次元配列**といって、「左から3つめ」とか場所を指して使うの。
ロッカーのように縦横に並んだものは**2次元配列**といって、「左から2、上から3番目の場所」と指して使うのよ。
ロッカーが何個も並んでいるのは**3次元配列**。「3番目のロッカーの、左から2、上から3番目の場所」といった感じで指定できるわね。

そうやって、何次元も配列が作っていけるということ？

そうよ！　**多次元の配列**というのよ。でも、場所を多く確保すると、メインメモリもたくさん使うから無駄がないようにね。
さて、ここまでの復習として演習問題を解いてみましょう！（演習問題については7ページの案内をご確認ください）

まとめ

- アルゴリズムの3つの流れを覚えよう
- フローチャートの見方を押さえておこう

プログラミング・事始め

 次は**プログラミング**の世界に入っていくわよ！　プログラムっていうのは、システムを動かすための特別な「言葉」なの。例えばね、ウェブ検索を思い浮かべてみて。検索したいキーワードを入力して検索ボタンを押すと、関連する結果がバーッと表示されるでしょ？　あの動きを、コンピュータにわかるように書いてるのが"プログラム言語"っていうの。

 コンピュータがわかる言葉に直すってことか。

 ITパスポート試験では、実際のコンピュータで動くプログラムとはちょっと違って、「**疑似言語**」っていうものを使って勉強するの。これ、本物とは違うけど、プログラムの考え方を学ぶにはすごくピッタリなのよ！
それじゃ、今度は疑似言語とその動作をイメージできるようにしてみましょう！　例えば、『☆★☆★☆★☆★☆★』みたいに、白と黒の星マークを交互に10個表示させる動作を考えてみて。これを疑似言語で書くにはどうしたらいいかしら？　ここでは、「8-1 アルゴリズム」で学んだ『順処理』『判断』『繰返し』の考え方を使って説明していくわね！

攻略ノート

●順処理の書き方

画面に「☆★☆★☆★☆★☆★」を表示するプログラム。

〔疑似言語で書いたプログラム〕

1 : "☆★☆★☆★☆★☆★" を出力する。

→順処理だと1行だけのプログラムになる。1行目が終わったら2行目に処理の流れが進む。

〔実行結果〕

→1行のみのプログラムをパソコンで処理させたらこうなる！

☆★☆★☆★☆★☆★

プログラム実行中

これが、疑似言語で書いた順処理のシンプルな例よ！ たった一行だけのプログラムになってるの。疑似言語って、実際にはない動作や命令の部分は日本語で書かれていることがあるのよ。だから、パッと見たときに内容が分かりやすいの。

なるほど、学習用だからわかりやすいんだね。

次は**繰り返し**の処理よ。ここで使うのは、疑似言語の「for」という命令なの。『for』って聞くとちょっと難しそうに感じるかもしれないけど、大丈夫よ！「for」は簡単にいうと、『何回も同じことを繰り返してね』ってコンピュータにお願いするための魔法の言葉みたいなものよ。例えば、『5回ジャンプして』『10個の星マークを並べて』って感じで、指定した回数だけ同じ処理を繰り返してくれるのよ。

攻略ノート

●繰返し命令のfor文の説明

・for文とは？

for文は、決まった回数だけ同じ処理を繰り返したいときに使う。指定した範囲で、変数を増やしたり減らしたりしながら、繰り返し処理を行う。

●基本の書き方

for (変数を初期値から数値まで増分ずつ増やす)
　　繰り返したい処理
endfor

→例えば、4回繰り返す場合、変数の中の数値・増える分を指定できるから1→2→3→4も、2→4→6→8→10もできる！

→処理の前は段下げして見やすく書く！

●動きの流れ

最初に、変数に初期値が入る。

繰り返しは、forとendforの間に書かれた処理を実行。

次の繰り返しでは、変数に増分を加え、範囲を超えていない限り処理を続ける。

終了は、範囲を超えた時点で、endforの次の処理に進む。

→「範囲と同じ」場合はもう一回繰り返す。例えば、「10まで繰り返す」とあったら、変数の中が10になってももう一回繰り返し、11になりそうなら繰り返しから抜ける。

詳しく説明すると、**for**から**endfor**の間の処理を、**for**に書いてある変数の中の数値を、書いてあるとおりに増やしながら、繰り返してくれるのよ！

例えば「aを2から10まで2ずつ増やす」だったら、aの変数の中を2→4→6→8→10と変化させながら5回繰り返すってことだな。

ここからは、実際に動作をイメージする練習をしていきましょう！　プログラムの流れを理解するためのポイントは、変数という入れ物に何が入っているかをしっかり把握することなの。その変数が1のときには何が起きて、2になったらどうなるのか……というように、頭の中で動きを追いかけてみるのよ。ここでは、「for（cntを1から5まで1ずつ増やす）」というプログラムを使って考えてみましょう。変数の名前は自由に決められるから今回は『cnt』とするわね。

攻略ノート

●繰返しを使った書き方

画面に「☆★☆★☆★☆★☆★」を表示するプログラム。

〔プログラム〕

```
整数型：cnt
1：for (cntを1から5まで1ずつ増やす)
2：    "☆★"を出力する
3：endfor
```

このプログラムでは最初に、変数『cnt』を用意しているわ。「整数型：」というのは整数型の変数であるという意味ね。これは、数値を入れるための入れ物みたいなものだと思ってね。

次に、for文を使って繰り返し処理を行うの。for (cntを1から5まで1ずつ増やす)って書いてあるから、変数『cnt』が1から始まって、1ずつ増えていって、5になるまで繰り返すってことなの。

その間にある処理、つまり「☆★」を出力する部分を、変数『cnt』の値に応じて繰り返していくの。『cnt』が1のときに「☆★」を出力して、次に2になったら、「☆★」を出力する、という感じでね。

なるほど！

次は判断のifも入れた場合の説明をするわ。ここでも「☆★☆★☆★☆★☆★」と、白い星・黒い星を交互に表示させるプログラムを例に考えてみましょう。交互に変化させるという処理は、数字が1→2→3→とカウントアップするたびに、奇数→偶数→奇数→偶数となることを応用するのよ。

「応用する」って言われても、どう考えたらいいんだ？

ある数字を2で割り算してあまりが1だったら奇数、あまりが0だったら偶数というように考えるんだ。

攻略ノート

●判断も織り交ぜた書き方

画面に「☆★☆★☆★☆★☆★」を表示するプログラム。

〔プログラム〕

```
整数型：cnt
1：for (cntを1から10まで1ずつ増やす)
2：  if (cnt と2の商の余りが1と等しい)
3：    "☆"を出力する
4：  else
5：    "★"を出力する
6：  endif
7：endfor
```

 今回は、変数の変化や出力結果を書きながらプログラムを読む**トレース**をして、説明するわね。繰返し回数、変数cntの変化、画面出力の状態を把握しましょう！　紙に書くといいわ！

 頭の中だけじゃ覚えてられないもんね。

 本番の試験でもA4用紙1枚最初にくれるのよ。こんな感じで表を書いてみてね。

攻略ノート

●トレースのイメージ

繰り返し	変数cnt	画面表示
1回目	1	☆
2回目	2	☆★
3回目		
……		

まずここで新しく登場する、**if**を説明するわ。

攻略ノート

●if文とは

　if文は、条件が「真（True）」の場合の処理と、「偽（False）」の場合の処理に流れを分岐させます。「偽」の場合の処理は記述しないこともできます。

●基本の書き方

```
if (条件)
    条件が真のときに行う処理
else
    条件が偽のときに行う処理 (必要な場合のみ)
endif
```

●動きの流れ

条件をチェックする（例：「変数が5より大きいか？」）。

条件が真 (True) の場合、ifの次の行の処理が実行される。

条件が偽 (False) の場合、elseがあればその処理を実行し、なければそのままendifの次へ進む。

●注意点

else は「条件が偽の場合に行う処理」で、必ずしも書く必要はない。複数の条件をチェックしたい場合は、「**elseif**」を使ってさらに条件を追加できる。

 if文は条件が真（正しいか）・偽（正しくない）かで処理の流れを変えるのよ。正しいときはif文のすぐ下の行へ、正しくないときは**else**へ処理の流れを移動するのよ。

 なるほど、条件が正しいときと、正しくないときで処理を分けることができるんだね。

 そうよ、さっきのif文をもう1回見ながら上から説明していくわね。

攻略ノート

●if文の例

```
整数型：cnt
1：for (cntを1から10まで1ずつ増やす)
2：  if (cnt と 2 の商の余りが 1 と等しい)
3：    "☆"を出力する
4：  else
5：    "★"を出力する
6：  endif
7：endfor
```

繰り返し	変数cnt	画面表示
1回目	1	☆
2回目		
3回目		
……		

1行目は繰り返しの始まりね。for文が変数『cnt』に1を入れるから、表の変数cutに1を書き込みましょう。
2行目は判断をするif文！　条件は「cntと2の商の余りが1と等しい」、『cnt』の中の値はいま「1」だから……。

ほほう。「1と2の商」ということは、1と2の割り算ってことだね。

そう。計算式で表すと「1÷2＝0余り1」。条件は「余りが1と等しいか？」だから、この計算の余りは1だから「等しい」。つまり条件は「正しい」わね！

じゃあ、もし『cnt』の中が4だったら、「4と2の商の余りが1と等しいか？」となって、「4÷2＝2余り0」となるから、「1と等しい」は間違いになる。つまり「正しくない」ってことになるんだね。

正解！　条件が正しいと、if文のすぐ下の3行目にいくわ。ここでは白い星マークを出力しているから、表の「画面表示」に「☆」を書いてね
4行目のelseは正しくなかったときの処理の始まりで、5行目も正しくなかったときの処理が書いてあるから、今回は実行されないわ。正しかった時の処理が終わったら、6行目のendifに処理の流れが飛び、7行目がendforだから、forに戻ることになるわね！

よしわかってきたぞ！　2回目は、1行目でfor文が変数『cnt』を2にして
くれる。3行目の条件は「2÷2＝1余り0」となるから、「あまりは1と等しい
か？」の条件は「正しくない」。
つまり、4行目のelseから処理をするんだね。そうすると、5行目で黒い星を
出力して、2回目の繰返しが終わる。

そうよ、すごい！　このとき表の「画面表示」には「☆★」と書き込むことにな
るわね。これを変数『cnt』が10になるまで繰り返していくのよ。

攻略ノート

●最後までトレースした表

繰り返し	変数cnt	画面表示
1回目	1	☆
2回目	2	☆★
3回目	3	☆★☆
4回目	4	☆★☆★
5回目	5	☆★☆★☆
6回目	6	☆★☆★☆★
7回目	7	☆★☆★☆★☆
8回目	8	☆★☆★☆★☆★
9回目	9	☆★☆★☆★☆★☆
10回目	10	☆★☆★☆★☆★☆★

プログラムは目で追うだけでなく、変数の値や出力イメージを紙に書いて考
えるのが、結局最速で問題を解くことになるのよ。
さて、ここまでの復習として演習問題を解いてみましょう！（演習問題につい
ては7ページの案内をご確認ください）

まとめ

・for文、if文の基本の書き方を覚えよう
・紙に表を書いてトレースするとわかりやすくなる！

8-3 プログラミング・繰返し処理

 今回は、繰返し処理の前判定・後判定を説明するわ！

 繰返し処理はfor以外にも、命令があるの？

 うん、forみたいに変数を同時にカウントアップとかはしてくれないんだけど、その分、簡単になっているわ。まずは、繰返しの先頭で条件を判定して、「正しかったら繰り返す」while文を紹介するわ。

攻略ノート

●while文とは？

while文は、指定した<u>条件が真 (True) の間、繰り返し処理を行う</u>ときに使う。条件が偽 (False) になった時点で、繰り返しを終了する。

●基本の書き方

```
while (条件)
    繰り返したい処理
endwhile
```

●動きの流れ

条件をチェックして、**真 (True)** であれば**while**の次の行の処理を実行。**endwhile**の行で繰り返し処理が終わります。再び**while**へ戻り条件をチェック。

条件が偽 (False) になった時点で、繰り返しが終了し、**endwhile**の次の行に進む。

●注意点

条件が最初から**偽 (False)** の場合、**while** 文内の処理は一度も実行されない。

条件の判定結果が変わらずに真のままだと、**無限ループ**に陥ることがあるので注意が必要。条件の判定結果が変化するように書く。

 これが、**while** 文よ！ 条件が正しかったら、繰り返し処理を行うの。条件が正しくなくなるまで繰り返すから、最初から条件が正しくないと、そもそも繰り返し処理をしない。また、いつまでも条件が正しいと無限ループになるのよ。

 なるほどね。for 文より簡単そうだね。

 例えば、キーボードから数値を入力させて足し算を繰り返して、合計が100以下のときは繰り返すけど、100を超えたら「100を超えました」と表示する、というプログラムで説明してみましょう。

攻略ノート

●入力した数値の合計が100を超えたら、"100を超えました"と表示するプログラム

```
整数型：input_suu , sum

1：sum ← 0
2：while (sum<=100)
3：  input_suu ←  入力
```

```
4：  sum ← sum + input_suu
5：endwhile
6："100を超えました"を出力する
```

 このプログラムで特に注意するところはこの4行目よ。

sum ← sum + input_suu

プログラムでは、←は、右で計算した結果を、←より左の変数『sum』に**代入**するということになるのよ。つまり、計算結果を入れ直すってことね。

 じゃあ、例えば「cntに2+3の結果を入れる」を、この表現で表すと「cnt ← 2+3」になるのかな？

 そうよ！ 「sum ← sum + input_suu」は、変数『sum』の中の値と、変数『input_suu』の中の値を足し算した結果を、変数『sum』に入れ直すってこと。例えば、変数『sum』に3が入っていて、変数『input_suu』に5が入っているとすると、3+5の結果、つまり8を、『sum』に入れるってことね。

 なるほどね！

 では、このプログラムを説明するわよ！ まずは、先頭で、整数型で変数『input_suu』と変数『sum』を準備ね。1行目で変数『sum』に0を入れているけど、理由は4行目のときに説明するわ。
次に2行目が繰返しの合図ね！ 変数『sum』の中の値が100以下だったら、条件は正しいということになるわね。1行目で変数『sum』に0を入れたばかりだから、100以下よね。正しいから、繰返し処理に入るわよ！

 ここまでをトレースしておこう。

いいわね！　次の3行目では、キーボードで入力した値を、変数『input_suu』に入れるのよ。この後、説明しやすいように、例えば「5」をキーボードから入力したとするわ。4行目で変数『sum』の中の値と、変数『input_suu』の値を足し算しているわね。つまり、『sum』は「0」で『input_suu』は「5」だから、「0+5」ね。

このとき、1行目で変数『sum』に0を入れてなかったら、『sum』には何が入っているかわからないのよ。「何かわからないモノ」に変数『input_suu』の中の値「5」を加えるって、計算できないわよね。

だから、先にあえて変数『sum』に「0」を入れておくってことか。

そう！　そして、「0+5」の結果の「5」を、変数『sum』に入れることになるわ。次に5行目にendwhileがあるから、whileに戻るのよ。

これで1回目が完了だね。

2行目に戻った処理の流れとしては、変数『sum』の中の値と100を比べて、100以下かを確認するの。これまでの流れで、変数『sum』は5だから、100以下よね。条件は正しい。だから、また繰り返すわ。3行目で入力された数字を『input_suu』に入れて、4行目で、すでに入っている変数『sum』の中の値に変数『input_suu』を加えた結果を、また、『sum』に入れる。これを繰り返すのね。

そして変数『sum』が100を超えると、while文の条件が「正しくない」となって繰り返しが終わるんだね。

うん、endwhileの次の行、つまり6行目に処理の流れが飛んで、「100を超えました」と表示されるのよ。これが前判定の繰返し処理よ！

その調子よ！　次は後判定ね。疑似言語最後の命令文の do while 文を紹介するわ！

攻略ノート

●do while文とは？

do while文は、必ず1回は処理を実行したあとに、条件をチェックして、条件が真 (True) の間は繰り返し処理を続ける。条件が偽 (False) になるとループを終了。

●基本の書き方

do
　　繰り返したい処理
while (条件)

●動きの流れ

最初に処理を実行します。条件のチェックはあとになる。
処理が終わったら、条件をチェック。
条件が真 (True) であれば、再度doの処理に戻って繰り返しを続ける。
条件が偽 (False) になると、ループを終了し、次の処理に進む。

●注意点

必ず1回は処理が実行されるのが特徴。これは、条件のチェックが処理のあとに行われるため。
while文と使い分ける場面を考えると、「少なくとも1回は実行したい処理」があるときに**do while文**が便利。

なるほど……。while文もあるのに、どんなプログラムでdo while文なんて使うんだろう？

例えば、次のような「入力された値が100を超えてたら終了」みたいな処理ね。1回は何かを入力してもらわないと判定できないわよね。

攻略ノート

●入力された値が100を超えてたら終了のプログラム

```
整数値：kazu
1：do
2：  kazu ←入力
3：while (kazu <= 100)
4："100を超えたので終了します"を出力する。
```

 このプログラムでは、先頭で変数『kazu』を用意して、2行目でキーボードから数字を入力してもらうの。その数字を、変数『kazu』の中に入れるわ。
3行目で「変数『kazu』の中の値が100以下」の条件を判定して、「正しい」ときは1行目のdoに戻って、やり直すっていう繰返しね。正しくなければ4行目へ流れていくわ。

 そうか！　1回は処理をさせて、その後は条件判断して、繰り返すか繰り返さないかを決める流れを作るんだね。

 さて、ここまでの復習として演習問題を解いてみましょう！（演習問題については7ページの案内をご確認ください）

　本項目では、学習テーマに関連する過去問の解き方を詳しく解説した追加コンテンツを用意しております。下記サイトからダウンロードいただき、プログラム（疑似言語）に強くなりましょう！

 https://www.shuwasystem.co.jp/support/7980html/7343.html

（QRコードはこちら）

まとめ

- while、do whileの基本の書き方と違いを覚えよう
- どのような処理で使われるのかを理解しておこう

アルゴリズムあれこれ

 ここでは代表的なアルゴリズムを学びましょう！

攻略ノート

●代表的なアルゴリズム

・探索 (サーチ / Search)

データの中から特定の値や要素を見つけること。

・併合 (マージ / Merge)

2つ以上のデータの集まりを一つにまとめること。2つの名簿を1つに統合するイメージ。重複をなくし、全体をきれいに整理することも含まれる。

・整列 (ソート / Sort)

データを決まった順序 (例：数字の昇順や降順) に並び替えること。

 この中でも、特に探索と整列は注目だ！　探索には2種類、整列は3種類、代表的なアルゴリズムがある。

攻略ノート

●探索のアルゴリズム

・線形探索法 (Linear Search)

　データを最初から順番に1つずつ見ていき、探している値と一致するかを確認する方法。

・2分探索法 (Binary Search)

　データがあらかじめ並んでいる (ソートされている) 場合に、真ん中の値と比較して、探す値が左半分にあるか右半分にあるかを決め、範囲を半分に絞り込んでいく方法。

まずは、**線形探索法**。これは、データを先頭から順に探していく方法よ。

プログラムでいうと、値の入った配列から、目的の値を探すときに先頭から順に確認していく感じだ。

for文で配列の要素数分ループさせて、配列の部屋を先頭からひとつづつ、目的の値と一致しているかif文で確認するイメージだね。

そのとおり。ただ、線形探索法だと、データ量が多いと、検索時間もそれに比例して遅くなるのよ。そこで、次の**2分探索法**があるの。

ただ、2分探索法は、最初にデータをソートする、つまり、並び替えておく必要があるんだ。並び替えたデータの、並び順で中央になった値と探す値を比べて、中央の値の方が大きかったら、探す値はそれより前にあるだろ。中央の値の方が小さかったら、それより後に探す値はある。
1回目の探索で、データの半分は探す値がないと断定されるから、残り半分を対象に、また、並び順で中央に来る値と比べて、探す値が大きいか小さいかで判断、関連しないデータはバッサリ検索対象外にする。そうやって数回で探す値にたどり着けるってことだ。
ソートに使われる代表的なアルゴリズムはこれだ！

攻略ノート

●整列のアルゴリズム

・選択ソート (Selection Sort)

　データの中で最小(または最大)を見つけ、それを順番に並べ替える方法。

・バブルソート (Bubble Sort)

　隣同士のデータを比べて、順序が逆なら交換する。これを繰り返すことでデータを並べ替える方法。

・クイックソート (Quick Sort)

　データの中から基準となる値(ピボット)を1つ選び、それより小さい値と大きい値に分けて整理し、これを繰り返して整列する方法。

小さいから大きい順に並べるのを昇順っていうの。選択ソートはデータの中で一番小さいものを探しては先頭に置いて、一番先頭は一番小さいと確定するから、先頭を1つずらして2個目からまた一番小さいデータを探して2個目に置く、次は3個目から……と処理して、並べるのよ。

つぎに、バブルソートは隣り合ったもの同士を比べて大きい方を後ろへ、そうしたら、また次の隣を比べて大きい方を後ろへ……と繰り返すと、先頭から一番大きい数値が一番後ろまで移動してくるでしょ。一番後ろは一番大きいと確定するから、次は先頭から、一番後ろマイナス1個までを同じ処理する。次は、一番後ろマイナス2個までを同じ処理する……という風に繰り返すと、ソートされるわ。

この説明にあるアルゴリズムが、プログラムの問題に出ることもあるんだね!

最後に、クイックソート。これはデータの中から1つ基準値を拾ってきて、それより小さいグループと大きいグループに分けるの。次は、1つのグループの中で基準値を拾ってきて、それより小さいか大きいかに分ける。それを永遠と繰り返すと、最後は順番に並ぶのよ。

プログラムでは、変数をたくさん入れる入れ物として配列があったけど、ほかにも、データを入れる構造があるんだ。

攻略ノート

●データ構造

・リスト (List)

　順序付けられた要素の集合。配列に似ているが、要素の追加や削除を容易に行える。

　　→要素数を増減できる配列のような構造。連結リスト (要素がポインタでリンクされている) などがある。順序が重要なデータや、要素の追加・削除が頻繁に発生する場合に利用。

・キュー (Queue)

　先に入れた要素が先に出される (FIFO: First-In First-Out) データ構造。

　　→データの追加 (エンキュー) は末尾に、取り出し (デキュー) は先頭から行う。プリンタのジョブ管理や、プロセススケジューリングなど、順序を保ったデータ処理に利用。

・スタック (Stack)

　最後に入れた要素が先に出される (LIFO:Last-In First-Out) データ構造。

　　→データの挿入 (プッシュ) と取り出し (ポップ) は同じ位置 (末尾) で行う。関数呼び出しの管理 (コールスタック) や、ブラウザの戻るボタンの実装などに利用。

・木構造 (Tree Structure)

階層的なデータを表現するデータ構造。ノード (節点) とそれらをつなぐ枝 (エッジ) から構成される。

→最上位のノードを「ルートノード」とし、各ノードは「子ノード」を持つことができる。データの検索や階層的な管理に適している。

ファイルシステムのディレクトリ構造や組織図など、階層構造のデータを扱う場合に使用。

・2分木 (Binary Tree)

各ノードが最大2つの子ノード (左の子、右の子) を持つ木構造。

→各ノードは、左の子ノード、右の子ノード、および親ノードへの参照を持つ。バイナリ検索木 (BST) などの特殊な2分木を用いると、データの探索や挿入、削除が効率的に行える。

データの整列や探索を行いたいときに利用され、データベースやアルゴリズムの基礎として使われる。

まずはリストね。配列に似ているのだけれど、要素を拡張したり、削除したり、途中に入れ込んだりできるのよ。リスト構造なら、「あっ、用意した要素が足りなかった」というときに増やせるわ。

これは便利だ!

キューは、FIFO (ファイフォ) といって、先に入れたものから先に出す仕組みの構造。値を入れることをエンキュー、出すことをデキューというの。

スタックは、底がある筒にボールを縦に一列入れるイメージ。LIFO (ライフォ) と言って、最後に入れたものが最初に取り出せるの。スタックに値を入れることをプッシュ、出すことをポップというのよ。

木構造は、ツリー構造ともいわれ、1つの親に対して複数の子 (1つでもいい) がある構造。子も親になれて、同じように子を持つのよ。

 木構造のなかでも、2分岐は1つの親に対して子は2つだ。バイナリ検索木などの探索に使われたりする。アルゴリズムは複雑だけど、効率的だからデータベースが値を検索するときなどにも使われているんだ。

 配列だけでもお腹いっぱいだったのに、これらはまだ使いこなせないな……。

 問題を解きながら覚えていきましょう！

 あと、プログラムを書くときに注意すると見栄えが良くなるポイントなども覚えておいたらいいぞ！

 試験問題は見やすくきれいに記述されているけど、次のことを守ると、自分でプログラムを書くときも綺麗に見やすくなるのよ。

攻略ノート

プログラムを書くときに注意すること

・字下げ（インデンテーション）

プログラムの行の始まりを、少し右にずらして書くこと。

→どこで何をしているかが見やすくなるので、プログラムが読みやすくなる。

・ネストの深さ

ループや条件分岐がどれくらい入れ子になっているかのレベル。

→ネストが深すぎると、理解しにくくなりミスが増えるので、できるだけ浅くする。

・命名規則

変数や関数などに名前を付けるときのルール。

→誰が見ても何を意味しているかが分かるので、プログラムを修正しやすい。

 さらに、プログラムの開発現場ではこんなことも注意しているの。

攻略ノート

●プログラムを適切な大きさに分割する

・モジュール分割

プログラムを小さなまとまり（モジュール）に分けること。

→プログラムを整理しやすくし、他の部分に影響を与えずに修正できる。

・メインルーチン

プログラムの中心となる部分で、全体の流れを決めるところ。

→プログラムの全体像を把握しやすくし、他の部分と区別できる。

・サブルーチン

よく使う処理をまとめた小さなプログラムのまとまり。

→同じ処理を何度も書かずに済むので、効率が上がり修正も楽。

・ライブラリ

よく使う機能をまとめたファイルやプログラムの集まり。

→自分でゼロから作らなくても、便利な機能をすぐに使える。

 プログラムは自分で全部作るだけじゃなくて、誰かが作ったものを利用することもできるんだ。

 最近では、プログラムを全部書かなくてもシステムを構築できるようになってきているわね。

攻略ノート

●他のプログラムの機能を流用する

・**API**

　他のプログラムとやり取りするための決まりごと。

　→自分のプログラムから簡単に他のプログラムの機能を使える。

・**WebAPI**

　インターネットを通じて他のサービスやデータを使うための仕組み。

　→他のサイトやアプリのデータを簡単に使ったり、やり取りできる。

●プログラムは書かなくても良くなった？

・**ローコード**

　プログラムをあまり書かずに作れる仕組み。

　→プログラムを書くのが苦手な人でも、簡単にアプリやシステムを作れ
　る。

・**ノーコード**

　全くプログラムを書かずに作れる仕組み。

　→誰でも簡単にアプリやシステムを作れるので、開発のハードルが下が
　る。

 じゃあ、プログラミングを勉強しなくてもよくなる？

 いや、プログラミングの考え方は必要だ。コードを書かなくても良いだけで、英数字のコードが、アイコンなどに置き換わっていると思ってくれればいい。

 ホンモノのプログラミング言語ってどんなものがあるの？

 色々とあるぞ！

攻略ノート

●プログラミング言語と特徴

・C（シー）

コンピュータの動きを細かく制御できる。OSの開発でも使われていた。

・Fortran（フォートラン）

数字の計算がとても得意。

・Java（ジャバ）

いろんな環境（OS）で同じプログラムを動かせる。

・C++（シープラスプラス）

Cよりももっと複雑で高度なことができる。

・Python（パイソン）

コードの記述がシンプルで読みやすい。豊富なライブラリ、動作環境が用意されている。AI（人工知能）やデータの分析など、今人気のあるプログラミング言語。

・JavaScript（ジャバスクリプト）

ホームページを動かしたり、見た目を変えたりするのが得意。インターネットのページに動きをつけるときに使う。

・R（アール）

データを扱うのが得意で、グラフや統計を使った分析に向く。研究やマーケティングの仕事で、データを調べるときに使う。

 たくさんあるんだな。

 特徴はそれぞれあるけれど、アルゴリズムを理解していれば、それぞれのプログラム言語で表現することは、そんなに難しくないのよ。

 Ｃ言語は少し難しいけどな……。

 さて、ここまでの復習として演習問題を解いてみましょう！（演習問題については7ページの案内をご確認ください）

まとめ

・ まずは基本のアルゴリズム、探索とソートの名前と仕組みを押さえよう
・ プログラムを書くときの注意点も理解しておこう

コンピュータなのに デザインの話？

情報デザインっていうのは情報を整理してわかりやすく伝えることよ

こないだはありがとうプログラミングにもすっかり自信がついたよ

よかった！鈴木くんのおかげね

具体的には次のポイントを押さえて整理することね

・情報の見える化
・情報の構造化
・情報の構成要素

ところで試験範囲を見直してたんだけど…

「情報デザイン」って分野があるの知ってる？

なんか面白そうだな！

一つずつ見ていきましょう！

大樹のことだから絵の勉強をするとでも思ってるな？

ち…違うよ！

第 9 話で学ぶのはこんなこと！

「情報デザイン」は、情報をわかりやすく整理して伝えるための考え方や手法です。日常的に、たくさんの情報に触れていますが、その情報が「わかりやすく」「整理されている」と、より簡単に理解でき、活用しやすくなります。日頃の資料作成にも役立つ知識です！

POINT 1　情報を整理して見やすく伝える方法

情報を整理して、誰にとってもわかりやすい形で伝える技術を学びます。情報のグループ化、並び、視覚的に整理するスキルについて覚えましょう。

POINT 2　ユーザーの視点を意識する

情報を受け取るユーザーの視点を考えることが重視される分野です。デザインの原則（近接、整列、反復、対比）や、情報の整理法（LATCHの法則）を押さえておきましょう。

POINT 3　ユニバーサルデザインを取り入れる

アクセシビリティやピクトグラム、インフォグラフィックなど、見やすさと分かりやすさを追求する技術に触れましょう。

 そもそも**情報デザイン**ってどんなものなの？

 情報デザインっていうのはね、電車の路線図とか、駅の案内板、アプリのデザインなんかも全部そうなの。身近なところで私たちがよく目にしているものよ！

攻略ノート

● **情報デザイン**

　情報をわかりやすく整理して、見たり使ったりする人が簡単に理解できるようにするための方法

 情報デザインは、情報がただ並んでいるだけじゃなくて、どうやって「見せるか」がポイントになるんだよね。

 視覚的にわかりやすくするため、情報を整理するための法則がいくつかあるんだけど、それも順に説明していくね。まずは**デザインの原則**よ。

攻略ノート

●デザインの原則

デザインの原則情報や見た目をわかりやすく整理するためのルール

・近接

関連するものを近くに置くこと。同じグループのものをまとめて並べて、ひと目で関係がわかるようにするなど。

・整列

文字や図をきちんとそろえること。見出しを同じ色や大きさにすることで、全体に統一感が生まれるなど。

・反復

同じスタイルやデザインを繰り返すこと。

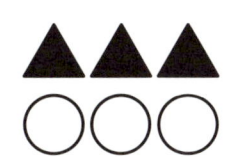

・対比

違いをはっきりさせること。色や形を変えることで、目立たせたいものをわかりやすくするなど。

つまり、**近接**で情報をまとめて、**整列**できれいに揃えて、**反復**で統一感を出して、**対比**で目立たせるべきところを強調する……ってことか！　だいぶイメージがつかめてきたぞ！

9
コンピュータなのにデザインの話？

 次は**LATCH（ラッチ）**の法則についてみていきましょう！

攻略ノート

● LATCHの法則
情報を整理する5つの法則の頭文字を取った用語。

● 場所（Location）
地図のように、場所ごとに情報を整理すること。家の中で「リビング」「キッチン」などと分ける。

● アルファベット順（Alphabet）
文字の順番に並べること。辞書のように「あいうえお」や「ABC」で整理するなど。

● 時間（Time）
時間の順番で整理すること。今日あったことを朝から夜までの順番で書くなど。

● カテゴリー（Category）
種類ごとに分けること。本のジャンルを、フィクションやノンフィクション、学術書、趣味、実用書に分けるなど。

● 階層（Hierarchy）
大きいものから小さいものへ、または重要なものからあまり重要でないものへと整理すること。木の枝分かれのように、順番に並べるイメージ。

 **LATCHの法則**を理解しておくと、情報をどうやって整理したら一番使いやすいかを考えやすくなるの。例えば、どの順番で情報を並べると人が迷わないか、とかね。

大樹が使ってる**SNS**の投稿も、時間順に表示されているだろ？　それもTimeに注目した整理法なんだよ。

なるほど！　**LATCHの法則**って、日常でよく使ってるんだな。これを意識して使うと、確かに情報を整理しやすそうだ！

もう1つ、**シグニファイア**も押さえておくといいわ。

9

コンピュータなのにデザインの話？

攻略ノート

・シグニファイア（Signifier）

「これはこう使ってね！」というサインやヒントになるもの。例えば、ドアであれば、ドアノブが付いていれば開き戸、障子のような引手があれば引き戸であると無意識のうちにわかるようになっている。

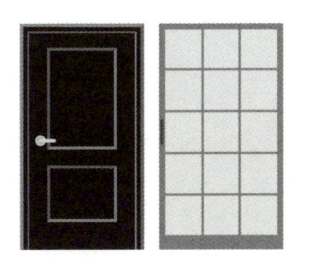

「シグナル」と「作る」のラテン語を合わせて、シグニファイアというのよ。語源を知ると、専門用語って何となく覚えやすいわよね。

スマホアプリとかで、タップするボタンがわかりやすいデザインになってるのもシグニファイアの効果なんだな。実生活にすごく関係あるんだね！

さて、ここまでの復習として演習問題を解いてみましょう！（演習問題については7ページの案内をご確認ください）

まとめ

- 情報デザインは身近なものに意外と使われている
- デザインの原則とLATCHの法則を覚えておこう

情報デザインとユーザー体験

 **情報デザイン**は、アプリとかウェブサイトを使うときに、ユーザーがどんな気持ちになるか、どれだけ使いやすいかっていう全体の構成もデザインするのよ。

 どんなに必要なシステムでも、使い勝手が悪すぎると、結局、使わなくなるだろ？

 そうだね。上司から「このシステムに必ず登録しろ！」と言われても使いづらすぎて嫌になることとかよくあるんだよね。

 すごく使い勝手が良かったら、「もっと使いたい」とか思うだろ。そういうのを「**ユーザー体験**」の向上と言うんだ。今の時代、ユーザーがどのような「経験」をするかが大事なんだよ。

 ユーザー体験は**UX（User Experience）**ともいわれているの。そして、そのUXを向上させるために重要なのが**構造化シナリオ法**よ。

攻略ノート

●ユーザー体験、UX（User Experience）

　ユーザーがどんな気持ちになるか、どれだけ使いやすいかという全体の体験のことを指す。

　　→使う人が『このアプリ、使いやすい！』と感じる工夫が必須。例えば、ボタンの配置、文字の大きさ、色使いなど。

●構造化シナリオ法

何かを作るときに、やることを順番に考えたり、流れを整理すること。ユーザーがどうやってアプリやサイトを使うのかを、あらかじめシナリオとして作り上げる方法。

例えば、大樹がネットショッピングをするときを想像してみろ。最初にトップページにアクセスして、次にカテゴリを選んで、商品を検索して……っていう流れがあるだろ？　その流れをシナリオとして組み立てて、ユーザーがスムーズに目的を達成できるようにするのが**構造化シナリオ法**なんだ。

ユーザーが何をどうしたいかを考えて、その通りに進めるように道筋を作っておくってことか。確かにそれがあれば、迷わず使える気がするなぁ。

初めて使うアプリでも、自然に進めるようにガイドがついていたり、次に何をするべきかがわかりやすくなっていると、安心して使えるでしょ。構造化シナリオ法は、そんな安心感を提供するための方法なの。

でも、これって、どうやってシナリオを作るんだろ。ただの道案内みたいにはいかないよね？

構造化シナリオ法を使うときは、まずユーザーがどんな目標を持っているかを考えることが大事なんだ。たとえば、アプリを使って「商品の購入をしたい人」と、「使い方を調べたい」人じゃ、必要な流れが違う。だから、ユーザーがどんな行動を取るかを細かく考えて、シナリオを書き出していく。途中でどんな迷いが生まれるかとか、つまずきそうなポイントもあらかじめ想定して、それに対する案内をデザインに取り入れるってことだ。

ユーザーの気持ちを考えながら、事前に準備しておく感じか！　ちょっとした親切心みたいだね。

そのとおりよ！　ユーザーが迷わないように配慮することが、結局は良い体験につながるからね。
例えば、フォームの入力途中でエラーになったときに、どこを直せばいいか教えてくれるメッセージが出るのもその1つよ。

ユーザーインタビューとか**テスト**をして、実際に使っている人の声を反映させることも大事だ。シナリオを作ったら、それが本当に使いやすいかどうかを確かめるんだ。本試験で問われるのも、この辺りの考え方だから、しっかり覚えておいてくれよ。

さて、ここまでの復習として演習問題を解いてみましょう！（演習問題については7ページの案内をご確認ください）

まとめ

- ユーザー体験は情報デザインにおいて重要な要素
- 構造化シナリオ法の利点や考え方を理解しよう

ユニバーサルデザインと アクセシビリティ

 ユーザー体験を考える上で、もう1つ重要なのが、**ユニバーサルデザイン**よ。

 聞いたことあるな！

 ユニバーサルデザインは、年齢や能力に関係なく、誰にでも使いやすいデザインを目指す考え方なの。例えば、バリアフリーの建物とか、誰でも使いやすい公共トイレなんかもその例よ。

攻略ノート

●ユニバーサルデザイン

　年齢や能力に関係なく、誰にでも使いやすいデザイン。どんな人にも情報が伝わるように工夫する方法や考え方。

 デザインっていうから、絵とか図だとばかり思っていたけど、設計することもデザインなんだね。

 そうよ。ユニバーサルデザインには、3つの要素があるわ。まず、1つがアクセシビリティ。

9

コンピュータなのにデザインの話？

攻略ノート

●アクセシビリティ

誰でも使いやすく、わかりやすく作られていること。どんな人でも不便を感じずに使えること。

例：お年寄りや目が見えにくい人、耳が聞こえにくい人、体の動きが不自由な人も、同じように使えるように工夫する→信号機の音が鳴るボタン／駅の点字ブロック。

 **アクセシビリティ**は、特に障害を持つ人たちにとっての使いやすさに焦点を当てているの。

 特定のニーズを持つ人がアクセスしやすいように工夫することだから、ユニバーサルデザインよりももう少し具体的なんだ。ウェブサイトを例にすると、ユニバーサルデザインとしてはシンプルで分かりやすいデザインにすることが大事だ。でも、アクセシビリティの観点では、色覚に配慮して赤と緑の区別がつかない人でも読めるように色を選ぶといった工夫も必要なんだ。

 次は、**ピクトグラム**よ。

攻略ノート

●ピクトグラム

絵やアイコンのようなシンプルな記号で、何を意味しているかをわかりやすく伝えるマークのこと。文字が読めなくても、絵を見るだけでわかるようにできる。

例：トイレのマーク、出口を示す非常口のマーク、駅のホームにある「禁止」や「注意」のマークなど。

 駅や空港にあるマークのことだね。言葉がわからない人でも、見ただけで意味が伝わるから、国籍や言語に関係なく利用できるんだ。

 最後に**インフォグラフィック**。

攻略ノート

●インフォグラフィック

情報をわかりやすく図や絵で表したもの。文字だけでは理解しづらいことも、図やイラスト、表を使って整理すると、ひと目で分かるようになる。情報をより簡単に伝えることができるようになる。

例：地震が起きたときの避難方法を絵で描く、アンケート結果を棒グラフや円グラフにして表示するなど。

 インフォグラフィックは、難しい情報でも、一目で理解できるようにするっていう点で、ユニバーサルデザインに通じるわね。

 なんだかデザインって奥が深いんだなぁ。試験に出そうなポイントも多そうだし、勉強のやりがいがありそうだ！

 どんなユーザーにも優しいデザインを目指すのが、結局は良いサービスにつながるのよ。いつか仕事でも素敵なデザインを考えられるようになるといいわね！
さて、ここまでの復習として演習問題を解いてみましょう！（演習問題については7ページの案内をご確認ください）

まとめ

- ユニバーサルデザインの目的を理解しよう
- アクセシビリティ、ピクトグラム、インフォグラフィックの違いと例を押さえておこう

9

コンピュータなのにデザインの話？

MEMO

第10話

試験本番!
ITパスポート
合格への道

10-1 試験前日の準備

 ついに明日は試験当日か……。

 いよいよね。田中君、準備はもうできてる？

 えっ、勉強以外に準備することなんてあるの？

 もちろんよ！　持ち物をチェックして、試験前日は早めに寝ておかないと！当日の持ち物はこのとおりよ。

攻略ノート

●試験当日の持ち物
①確認票（印刷できない場合は、受験番号、利用者ID、確認コードの3つの控え）
②有効な期限内の顔写真付き本人確認書類
③試験室の机上に置けるもの以外を収納するカバン

※そのほかの持ち物は会場へは持っていけないから、ロッカーなどに預けることになる。

 早めに会場に着くのもポイントよ。30分前に行くと受付や入室もスムーズだし、心の準備もできるからね。会場に入ったら、係員の人が注意事項を説明してくれるからしっかり聞くこと！

 試験が始まってから注意することは？

 うん、まず落ち着いて、解けそうな問題から解いていくのが大事！ITパスポートはCBT方式だから、画面操作もあるわ。

攻略ノート

●CBT試験の操作

①画面に受験番号・利用者IDなどの入力画面があるので指示に従って入力。

②試験開始画面を表示されるので、クリックして試験開始。

③試験中は、画面中央に問題、下に選択肢が表示される。試験時間も表示される。

④自信がない問題は「後で見直すためにチェックする」にチェックをつけると、見直しがしやすくなる。

⑤試験終了ボタンを押して終了。その場で採点結果が見られる。

※事前にCBT試験の動作確認をしたいときは、下記URLからダウンロードできるアプリで疑似体験ができる。
https://www3.jitec.ipa.go.jp/JitesCbt/html/guidance/trial_examapp.html（CBT疑似体験ソフトウェア：IPAサイト）

10

試験本番！ ―ITパスポート合格への道

わからない問題に時間をかけすぎるのはNG！ とりあえず何か解答してチェックを付けておいて、全部終わったあとに見直すのもいいわね。

できる問題からどんどんやっていくのが大事なんだね。

試験が終わったらすぐに結果も見られるのよ。試験終了後に、総合の得点、分野別の得点が表示されるわ。すべて600点以上で合格ね！

そんなにすぐ結果がわかるのか…

大丈夫よ。大事なのは合否にかかわらず、試験が終わったら、まずは自分を褒めてあげること！『ここまでよくやった！』ってね。まだ覚えてるうちに『こういう分野は得意だったな』とか、『ここはもう少し勉強しておけばよかった』ってメモしておくと、次の勉強にも役立つわ。

受かるかどうかはまだわからないけど、まずは一歩進めるって感じだね！

 そうそう！ 結果に関係なく、ITってすごく面白いし、これからもっと深い勉強もできるから、楽しみながら学んでいこうね！ 応援してるわ！

 ありがとう！ すごく自信が出てきたぞ！

まとめ

- 持ち物と受験方法をチェックしておこう
- 試験は説明後に開始となるので、早めの到着を！

試験後、そして…

 佐藤さん、健太、試験合格したよ！　本当にありがとう！

 大樹くん、本当にお疲れさま！まずはここまで頑張ってきた自分を褒めてあげてね。

 よくやった！　ITパスポートに合格することって、単に資格を取るだけじゃなくて、社会や職場で自分の役割がどんどん広がっていく大事な一歩なんだ。

 そう言われると、少しずつ実感がわいてくるかも…この資格があれば、何かが変わるかな？

 ええ、ITパスポートを持ってるってことは、基礎的なITの知識をしっかり身につけている証だからね。例えば、今まで難しそうに感じてたことでも、何を意識すれば安全に使えるかとか、効率的にシステムを理解できるかとかが自然とわかってくるの。

 つまり、知識が増えた分だけ、自分も周りの人も守れるぞ！

 それなら、頑張った意味があったかも！

 うん、これがまさに次のステップの第一歩なのよ。ITパスポートはあくまで入り口でここからいろいろ新しい可能性も広がっていくの！

 新しい可能性か…。ITは苦手意識があったけど、もっと深く知りたくなってきたよ！

 その意気だ！　ITパスポート試験以外にもITに関する試験はあるから挑戦してみるのもいいと思うぞ。

 合格をきっかけに、もっといろいろなスキルを身につけるチャンスがいっぱいあるから、ここからはどんどん成長していけるわ！　資格取得がゴールじゃなくて、これからのキャリアの一歩目。大樹くん自身が未来を切り拓いていけるはずだから、ここからは自分の力を信じてどんどん突き進んでね！

 二人ともありがとう！自分に自信持って、これからも頑張るよ！

まとめ

- 資格取得はスキルアップのチャンス。知識を成果に結び付けよう！
- ITの世界はまだまだ深い。日々進化する技術にアンテナを張ろう！

索引

索引

● ま行

索引

●著者
讃良屋安明（さらや やすあき）

1982年、10歳でプログラミングを行う。現役のシステムエンジニア(SE)として、企業のシステム設計・運用から最新技術の実装まで、幅広い分野で活躍中。IT業界で40年以上の経験を持ち、初級者向けのIT教育に情熱を注いでいる。専門知識をわかりやすく解説するスタイルには定評があり、これまでに多くの人材を育成してきた。ITパスポート試験対策にも精通しており、次世代を担う非IT系の方々に向け、実務経験と体系的な知識を活かし、試験対策から実践的なIT活用までを支援する教育活動を進めている。著書に『図解入門業界研究最新AI産業の動向とカラクリがよ～くわかる本』（秀和システム）

●テクニカルレビュー
IPUSIRON（イプシロン）

1979年福島県相馬市生まれ。相馬市在住。2001年に『ハッカーの教科書』（データハウス）を上梓。セキュリティを情報・物理的・人的な観点から研究しつつ、執筆を中心に活動中。近年は執筆に加えて、翻訳・監訳の仕事もしている。主な著書に『ハッキング・ラボのつくりかた完全版』『暗号技術のすべて』（翔泳社）、『ホワイトハッカーの教科書』（C&R研究所）がある。翻訳に『暗号解読実践ガイド』（マイナビ）がある。一般社団法人サイバーリスクディフェンダー理事。

イラスト　しらたき

非IT人材のための
ITパスポート攻略ノート

発行日	2025年 1月28日	第1版第1刷

著　者　讚良屋　安明

発行者　斉藤　和邦

発行所　株式会社　秀和システム

〒135-0016

東京都江東区東陽2-4-2　新宮ビル2F

Tel 03-6264-3105（販売）Fax 03-6264-3094

印刷所　三松堂印刷株式会社　　　　Printed in Japan

ISBN978-4-7980-7343-9 C3055